U0209453

*Chiffon Cake*

# 戚风教科书

〔日〕下井佳子 著　郑敏 译

南海出版公司

戚风蛋糕，英文称为 chiffon cake，chiffon 原意为轻薄柔软的雪纺绸。戚风蛋糕物如其名，质地轻盈蓬松。它是在 1927 年由美国的哈里·贝克（Henry Baker）发明的，在此后的 20 年间，戚风蛋糕的做法一直是最高的商业机密。直到 1947 年哈里·贝克把配方卖给美国通用磨坊食品公司（General Mills），戚风蛋糕的秘密才公之于世，这种外形风格酷似天使蛋糕（angel food cake）、做法简单的甜点广受欢迎。

我第一次看到烤制戚风蛋糕的模具时，不禁惊叹于发明者的奇思妙想。戚风蛋糕的模具近似一个中空的圆柱体，活底设计，烘烤时，热量可以通过模具更快地传递到蛋糕糊中。这样的设计使我们在家也能轻松烤出高度超过 10 厘米的高大蛋糕。

除此之外，戚风蛋糕还有很多优点。

●做法简单

只要打出稳定的蛋白霜，即使是没有烘焙经验的人，也能成功做出戚风蛋糕。

●蛋糕糊轻盈柔软

制作戚风蛋糕要用植物油而非黄油，蛋糕糊轻盈蓬松容易操作。

●低胆固醇

植物油的胆固醇含量为零，而黄油每 100 克中就含有 227 毫克胆固醇。

●原料易于准备

戚风蛋糕的原料主要包括鸡蛋、面粉、油、砂糖和牛奶，都是一般家庭的常备食材。想做时立刻就能动手，不需要准备太多其他原料。

●保存方便

戚风蛋糕可以冷冻保存。闲暇时做好，可以当作茶点随时享用。

自从哈里·贝克发明戚风蛋糕以来，制作时一直要添加泡打粉，利用泡打粉在烘烤过程中产生的二氧化碳使蛋糕体膨胀，变得蓬松高大，而我在镰仓开设的甜点培训教室一直努力寻找不添加泡打粉也能做出完美戚风的方法。大家也可以在制作过程中不断尝试，摸索属于自己的秘诀。

新经典文化有限公司
www.readinglife.com
出品

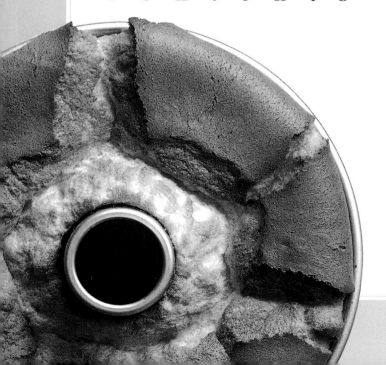

# *Chiffon Cake*
### c o n t e n t s

工具　6

原料　8

**基础戚风蛋糕**

基础戚风蛋糕的做法　　　　　　　　12

**21 种变化款戚风蛋糕**

享受戚风的美味

伯爵茶戚风　　　　　　　　　　　22

咖啡条纹戚风　　　　　　　　　　23

香草戚风　　　　　　　　　　　26

枫糖戚风　　　　　　　　　　　28

香辛料戚风　　　　　　　　　　30

融入水果的清新味道

柠檬戚风　　　　　　　　　　　32

香蕉戚风　　　　　　　　　　　34

胡萝卜素带来了鲜艳的色彩

胡萝卜杏仁戚风　　　　　　　　36

万圣节南瓜戚风　　　　　　　　38

适合在节日分享的戚风

抹茶红豆戚风　　　　　　　　　42

棉花糖戚风　　　　　　　　　　43

圣诞树桩戚风　　　　　　　　　48

七彩水果戚风　　　　　　　　　50

心形巧克力戚风　　　　　　　　54

散发着浓郁坚果香
罂粟子戚风                           55
椰香戚风                             58
传统手法的再演绎
萨瓦兰戚风                           60
蒙布朗戚风                           62
用其他粉类原料制作的戚风蛋糕
玉米粉戚风                           64
西蒙尼那小麦粉戚风                   66
栗子戚风                             68

天使蛋糕                             70

装饰   73
酱料 & 奶油   74
鸡蛋   小麦粉   77
3 种蛋白霜   78
香草   80
戚风蛋糕与红茶   82
3 种打发奶油   84
Q & A   85

制作巧克力装饰的工具   68
砂糖的作用   蛋白和油   79
微波炉   81

本书中常用直径为 23 厘米、20 厘米或 17
厘米的戚风蛋糕模，对应的高度分别为 12
厘米、10 厘米和 8 厘米，大都是铝制的。
书中使用的计量单位：一大勺约 15 毫升，
一小勺约 5 毫升。

# Chiffon Cake

## 工具

只要准备好最基础的戚风蛋糕模，就可以轻松做出美味的蛋糕。下面介绍的是一些补充模具，可以借助它们根据自己的兴趣尝试多变的造型。

●戚风蛋糕模

这种基础模具尺寸多样（主要有直径 10 厘米、14 厘米、17 厘米、20 厘米和 23 厘米的）。购买时要考虑家用烤箱的尺寸。比如，用直径 20 厘米的戚风蛋糕模制作，蛋糕体会膨胀到 14 厘米高，一定要预先量一下烤箱的内部高度。

●纸制戚风蛋糕模

配有一个透明的盖子，和 17 厘米的基础模具大小相同。需要注意的是蛋糕糊不要装得过满，否则无法盖上盖子。如果想把烤好的戚风送给亲友分享，用这种模具最适合不过。

●心形戚风蛋糕模

直径约 19 厘米、高 12 厘米的铝制模具。原料的用量相当于直径 20 厘米的基础模具用量的 85%。中空的"烟囱"比较细，烘烤时需要多用点时间。这种造型的模具是在情人节做巧克力蛋糕的最佳选择。

●天使蛋糕模

20 世纪 20 年代美国制造的天使蛋糕模。

●搅拌碗

准备两个搅拌碗，最好选用不锈钢的。一个是直径 27 厘米的稍浅一些的，用来做蛋黄糊（上图），另一个要深一些，用来打发蛋白，直径 22 ～ 24 厘米即可（下图）。

●打蛋器

有 16 根金属丝，金属丝稍粗、富有弹性即可。

●电动打蛋机

可以迅速将蛋液、黄油混合均匀，还可以打发蛋白，使用起来非常方便。注意，电动打蛋机的尺寸应与准备好的搅拌碗相配。

●橡胶刮刀、木刮刀

用来把粘在搅拌碗内壁上的原料刮下来或者混合原料。橡胶刮刀应该选用材质柔软、富有弹性的。木刮刀最好选用木质坚硬的黄杨木制作的，这样原料不易嵌入木质纤维之间，更卫生。

●电子秤

电子秤可以显示去除容器之后食材自身的重量，用起来非常方便。家用电子秤的价格也都比较便宜，建议在厨房中准备一台。

●量杯

准备一个容积为200毫升的耐热玻璃量杯。透明度好、刻度清晰、具有一定耐热性即可。

●筛网、茶筛

主要用来过筛粉类原料。用筛网把粉类原料筛一下可以使食材中裹入更多空气，做好的蛋糕糊更加蓬松。过筛时，筛网拿得高一些效果更好。

●分蛋器

分离蛋白和蛋黄的神兵利器。外形小巧，方便收纳。

●抹刀、竹签

烤好的蛋糕脱模时可以借助长23厘米、宽2厘米的抹刀；用鲜奶油装饰蛋糕时用长30～35厘米的抹刀操作起来更加得心应手。没有抹刀可以用竹签代替。

●转台

底盘为塑料或者金属材质，台面通常为大理石。用奶油装饰蛋糕时，可以把蛋糕放到转台上，一边转动一边操作，非常方便。

●温度计

制作蛋白霜或者是棉花糖的时候会用到。

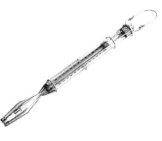

# Chiffon Cake

## 原料

美味的甜点离不开好的原料，请尽量选用新鲜的优质食材。

**●鸡蛋**
选用新鲜的鸡蛋，冷藏保存。使用时直接从冰箱中取出即可（参照第77页）。

**●面粉（按照从左到右的顺序）**
**小麦粉** 选用当年产的新小麦粉，面筋度低、粉质细腻的低筋粉最合适。注意防潮保存（参照第77页）。
**椰浆粉** 用椰奶制成的粉末状制品。
**西蒙尼那小麦粉（semolina）** 用硬质杜兰小麦（durum）磨成的面粉，颗粒较粗，主要用于制作意大利面。由于颗粒较粗，因而体积不易膨胀。
**栗子粉** 用栗子制成的粉末状制品。
**椰蓉** 用椰肉制成的碎屑状制品。
**玉米粉** 把玉米晒干磨成的粉末。颗粒较粗，膨胀性弱。

**●色拉油**
原料油经过精炼加工制成的精制食用油，在低温环境中不会出现凝油现象。生产色拉油的主要原料有棉子、玉米、红花子、葵花子等。选用哪一种都可以，选择时注意油的新鲜度。

---

**●砂糖（按照从左到右的顺序）**
**黑糖** 甘蔗榨汁后，仅做初级加工，最大限度地保留了甘蔗的天然风味和矿物质。颗粒很细，适合制作甜点。
**糖粉** 用高纯度的细砂糖研磨制成，颗粒非常细腻。为防止受潮和板结，一般会添加大约3%的低聚糖。有些产品会添加3%～5%的玉米淀粉，这种糖粉含有淀粉的味道，溶解后比较浑浊，不推荐。
**细砂糖** 结晶颗粒较大、高纯度的砂糖。味道甘甜，适合做甜点。没有细砂糖时可以用上白糖替代。

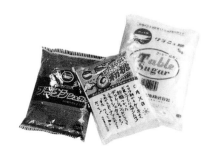

**●乳制品（按照从左到右的顺序）**
**酸奶** 请选用新鲜的产品。
**牛奶** 请选用新鲜的产品。
**鲜奶油** 从牛奶中分离出的脂肪成分，分为轻奶油（脂肪含量18%～30%）和重奶油（脂肪含量40%～50%），做甜点通常选用重奶油。另外，市场上还有植物性鲜奶油，即植脂奶油，口感比乳脂奶油差很多，请尽量选择天然乳脂奶油。
**白乳酪（fromage blanc）** 分为脱脂和脂肪含量为40%两种。
**里科塔乳酪（ricotta cheese）** 可以代替调味酱或鲜奶油搭配戚风享用。

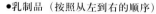

●洋酒（按照从左到右的顺序）
适当加些酒水可以为蛋糕增添独特风味。酒水可以加入酱料或鲜奶油中，也可刷在蛋糕表面。你还可以装在类似上图右侧漂亮的酒瓶中，搭配蛋糕作为佐餐酒享用。
**格拉帕酒（Grappa，也称果渣白兰地）** 以酿过葡萄酒的葡萄渣为原料酿制的一种白兰地，产自意大利。
**樱桃酒（Kirsch）** 用成熟的樱桃酿制的利口酒。
**意大利苦杏酒（Amaretto）** 以杏仁等为原料酿制的利口酒，产自意大利。
**咖啡利口酒** 以咖啡豆为原料酿制的利口酒。
**朗姆酒（Rum）** 以甘蔗为原料酿制的利口酒。
**君度酒（Cointreau）** 以苦味和甜味橙皮为原料酿制的利口酒，源自法国。
**香橙干邑甜酒（Grand Marnier）** 以苦味橙皮和干邑白兰地(cognac)为原料酿制的利口酒，产自法国。

●枫糖浆
推荐选用 100% 的天然枫糖，口感远好于人工合成的产品，香气柔和。

●水饴
称量水饴时，可以把手沾湿直接适量取用。

●香料
多香果 、葛缕子、肉蔻、姜粉、肉桂、丁香。放入冰箱冷藏可以长期保存。

●巧克力
脂肪含量低的苦甜巧克力或者黑巧克力均可。

●可可粉
推荐选用 100% 可可豆加工的无添加、无糖可可粉。

●速溶咖啡
推荐选用深度烘焙的意式浓缩咖啡。

●栗子制品
**栗子泥** 栗子去壳后制成的。与栗子酱相比，栗子含量更高。
**栗子酱** 栗子去壳后添加糖浆制成的奶油状制品。

●香草荚
本书使用的都是天然香草荚，不推荐合成的香草油或者其他种类的香精（参照第 80 页）。

9

# 基础戚风蛋糕

## Basic Chiffon Cake

首先，我们来学习基础戚风蛋糕的做法，再来了解由此变化出的另外 21 种戚风。制作过程的每一步都配有图片和说明。只要正确称量原料、按照流程操作，你也可以成功烤出满意的蛋糕。

# 基础戚风蛋糕的做法

**基本原料**

右侧表格中标明了所需鸡蛋的个数，但由于鸡蛋大小不一，重量存在差别，因此还是要经过准确称量。

## 原料和烘烤时间

| | 17 厘米 | 20 厘米 |
|---|---|---|
| **蛋黄糊** | | |
| 蛋黄（中等大小） | 3 个 | 6 个 |
| 牛奶 | 65 毫升 | 110 毫升 |
| 色拉油 | 55 毫升 | 90 毫升 |
| 低筋面粉 | 70 克 | 120 克 |
| **蛋白霜** | | |
| 蛋白（中等大小） | 145 克（4 个） | 240 克（6～7 个） |
| 细砂糖 | 60 克 | 100 克 |
| 烘烤时间（180℃） | 27 分钟 | 30 分钟 |

- 原料按照做法中用到的顺序列出。
- 直径 23 厘米的蛋糕原料用量是直径 20 厘米蛋糕用量的 1.5 倍，烘烤时间要延长 5 分钟。
- 使用不同品牌、型号的烤箱，烘烤时的温度和所需时间存在差异，请灵活调整。

1 烤箱设定到 180℃进行预热。烘烤时间和温度请以表格中的数据为参考标准。设定的温度相同，不同类型（如电烤箱和燃气烤箱）、不同型号的烤箱火力也是有区别的，电烤箱的火力一般要比燃气烤箱弱一些。

2 分离蛋黄与蛋白，要用刚从冰箱中取出的温度较低的鸡蛋。

3 把蛋黄倒入较浅的大口径搅拌碗中，蛋白倒入较深的搅拌碗中。如果搅拌碗中沾有油脂，蛋白就无法打发了，一定要清洗干净。详细介绍可以参照第 79 页的"蛋白和油"。

4 用打蛋器将蛋黄打散。

5 一边加牛奶一边搅拌，让两者充分混合。

6 用同样的方法加入色拉油，搅拌到蛋黄微微发白。

7 将筛网拿得稍高一些，筛入低筋面粉。这样可以筛得比较均匀，另一方面，面粉颗粒之间混入了空气，更容易与蛋黄混合。

8 用打蛋器搅拌至面粉和蛋黄充分混合。稍微多搅拌一会儿也没关系，蛋黄糊中含有油脂，不用担心面粉出筋。

9 蛋黄糊的稠度介于松饼和可丽饼面糊之间最为理想。

10 把 1/3 的细砂糖（也可以用上白糖代替）倒入蛋白中，用电动打蛋机高速打发。蛋白在 10℃时最容易打发，夏天要用冰水隔水冷却打发。即使鸡蛋的新鲜度略差一些，在 10℃的环境中也可以轻松打发。

11 表面打出来一层 1 厘米厚的泡沫后，再加入 1/3 的细砂糖，继续打发。

12 打至提起电动打蛋机时附着在打蛋头上的蛋白霜能拉出尖角。

13 倒入剩余的细砂糖，继续打发。

14 打至蛋白细腻光滑，蛋白霜就做好了。用电动打蛋机制作蛋白霜大约需要 8 ～ 10 分钟。用手动打蛋器制作大约需要花费 2 倍的时间。

蛋白充分打发后，即使把搅拌碗翻转过来，也不会掉落。

15 把 1/3 的蛋白霜加入第 9 步做好的蛋黄糊中。

16 用打蛋器搅拌均匀。

17 再加入 1/3 的蛋白霜,继续搅拌。

18 加入剩余的蛋白霜。

19 轻轻搅拌上层蛋糕糊,混合均匀。如果把最后加入的蛋白霜直接翻拌到搅拌碗底层,就很难判断是否还残留有尚未混合均匀的蛋白霜了。

20 从搅拌碗底部轻柔翻拌蛋糕糊,不要留有未拌匀的蛋白霜,这一步非常重要。

15

21 用干净的橡胶刮刀从搅拌碗底部翻拌蛋糕糊，确认没有残留的蛋白霜。如果发现残留的蛋白霜块，注意只搅拌局部即可，不要大幅搅拌。

22 蛋糕模具擦干净。从稍高的位置慢慢倒入蛋糕糊，这样蛋糕糊中不易混入空气，烤好的蛋糕中没有空洞。分2～3次把蛋糕糊从不同的位置倒入模具中，使蛋糕表面更平整。残留在搅拌碗底部的蛋糕糊膨胀性最弱，要分散倒入模具不同位置。

23 用橡胶刮刀将蛋糕糊抹平。

24 放入预热好的烤箱中，按照表格中标注的时间烘烤。当蛋糕膨胀至高出模具2～3厘米、表面呈焦黄色时，即可出炉。

25 事先准备一个能够垫高模具的物体，冷却时使用，创造出一个空气流通的空间。

26 蛋糕出炉后要立刻翻转、垫高、静置至完全冷却。如果没有立刻倒置，蛋糕就会受到水蒸气的影响回缩塌陷，或者表面变得湿黏。如果急于进行进一步加工，可以把蛋糕放入冰箱冷藏约20分钟。

27 用竹签或者抹刀将蛋糕体与模具内壁分离，上下拉动竹签，慢慢把蛋糕与模具分开，要有耐心。

28 用同样的手法将蛋糕与模具中间的"烟囱"分离。

29 翻转脱模。

30 握住中间的"烟囱"，用抹刀慢慢将蛋糕与模具底盘分离。

31 脱去模具底盘。

32 完成。

# 21 种变化款戚风蛋糕
21 Variations

新鲜出炉的戚风还未作进一步装饰、加工，已然香气扑鼻，让人食指大动了。不过，在生日、圣诞节这些重要的日子，漂亮的装饰还是必不可少的。把戚风端上桌，似乎立刻就会听到欢呼声。

享受戚风的美味
# *Chiffon Cake*

## 伯爵茶戚风
### Earl Grey Chiffon Cake

# 伯爵茶戚风

Earl Grey Chiffon Cake

在茶会上，伯爵茶总是非常受欢迎的饮品。伯爵茶是以优质红茶为基茶，加入佛手柑精油制成的一种调味茶，加入蛋糕糊中烤出的蛋糕芳香扑鼻。

## 原料和烘烤时间

| | 17 厘米 | 20 厘米 |
|---|---|---|
| **蛋黄糊** | | |
| 蛋黄（中等大小） | 3 个 | 6 个 |
| 红茶（伯爵茶） | 18克（略少于4大勺） | 30 克（6 大勺） |
| 热水 | 180 毫升 | 300 毫升 |
| 色拉油 | 55 毫升 | 90 毫升 |
| 茶叶 | 10 克 | 20 克 |
| 低筋面粉 | 70 克 | 120 克 |
| **蛋白霜** | | |
| 蛋白（中等大小） | 145 克（4 个） | 240 克（6～7个） |
| 细砂糖 | 65 克 | 110 克 |
| 烘烤时间（180℃） | 32 分钟 | 35 分钟 |

- 原料按照做法中用到的顺序列出。
- 1 大勺约 15 毫升。
- 直径 23 厘米的蛋糕原料用量是直径 20 厘米蛋糕用量的 1.5 倍，烘烤时间要延长 5 分钟。
- 表格中的茶叶指的是挤干水分的叶片。
- 滤去茶叶后剩下的红茶水大约 100 毫升（17 厘米的蛋糕）或者 160 ~ 170 毫升（20 厘米的蛋糕）。

## 做法

1. 伯爵茶用开水泡 6 分钟，过滤掉茶叶，静置冷却（a）。
2. 把过滤出来的茶叶切碎（b）。
3. 烤箱温度设定到 180℃，预热。
4. 分离蛋黄与蛋白，分别倒入两个搅拌碗中备用。
5. **准备蛋黄糊。** 向蛋黄中慢慢加入 1 中的茶水，边加边用打蛋器搅拌。然后加入色拉油和第 2 步切碎的茶叶（c）。
6. 把低筋面粉筛入 5 中，搅拌均匀，做成蛋黄糊。
7. **准备蛋白霜。** 把细砂糖分次倒入蛋白中充分打发。
8. 把做好的蛋白霜分 3 次加入 6 中，搅拌均匀，倒入模具中，按照表格中标注的温度和时间烘烤。
9. 出炉后立刻倒置冷却。
10. **准备红茶奶油**（参照第 76 页）。红茶奶油做好后可以直接用来装饰蛋糕，或者再加一些红茶利口酒。

- 红茶要选用带有香味的新茶。除了伯爵茶，你也可以根据自己的口味选用大吉岭红茶、阿萨姆红茶、锡兰红茶等。泡茶时一定要用滚水。

※ 伯爵茶和大吉岭红茶按照 1:4 的比例混合冲泡，喝起来非常爽口，不妨试一试。

a

b

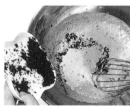

c

# 咖啡条纹戚风
## Coffee-striped Chiffon Cake

在意大利点咖啡，侍者一定会向你推荐意式浓缩咖啡，用经过深度烘焙的黑色咖啡豆做出的浓缩咖啡，味道最为纯正。

意式浓缩咖啡从 20 世纪 90 年代初开始在纽约流行起来。咖啡单上还出现了卡布奇诺、拿铁、美式咖啡等单品，这些都有意式浓缩咖啡成分。与意大利本土不同的是，美国人喝卡布奇诺等咖啡时，喜欢加肉桂粉。这款咖啡条纹戚风只需用速溶的意式浓缩咖啡即可。

### 原料和烘烤时间

| | 17 厘米 | 20 厘米 |
|---|---|---|
| **原味蛋黄糊** | | |
| 蛋黄（中等大小） | 2 个 | 3 个 |
| 牛奶 | 35 毫升 | 60 毫升 |
| 色拉油 | 30 毫升 | 50 毫升 |
| 低筋面粉 | 40 克 | 70 克 |
| **咖啡蛋黄糊** | | |
| 蛋黄（中等大小） | 2 个 | 3 个 |
| 牛奶 | 略多于 1 大勺 | 2 大勺 |
| 咖啡精 | | |
| ┌速溶咖啡（意式浓缩咖啡） | 略多于 1 大勺 | 2 大勺 |
| └咖啡酒 | 略多于 1 大勺 | 2 大勺 |
| 色拉油 | 30 毫升 | 50 毫升 |
| 低筋面粉 | 50 克 | 80 克 |
| **蛋白霜** | | |
| 蛋白（中等大小） | 160 克(4～5 个) | 270 克(7～8 个) |
| 细砂糖 | 80 克 | 130 克 |
| 烘烤时间（180℃） | 27 分钟 | 30 分钟 |

●原料按照做法中用到的顺序列出。
●1 大勺约 15 毫升。
●直径 23 厘米的蛋糕原料用量是直径 20 厘米蛋糕用量的 1.5 倍，烘烤时间要延长 5 分钟。

### 做法

1 烤箱温度设定为 180℃，预热。

2 **准备咖啡精。**用咖啡酒将速溶咖啡化开，如果咖啡不易溶化，用微波炉稍稍加热一下即可（a）。

a

3 把做原味蛋黄糊的原料混合均匀（参照第 13 页）。

4 把做咖啡蛋黄糊的原料混合均匀。

5 **准备蛋白霜。**做法参照第 14 页。

6 取 1/2 的蛋白霜分 3 次加入原味蛋黄糊中，搅拌均匀；剩下的 1/2 蛋白霜分 3 次加入咖啡蛋黄糊中，搅拌均匀（b）。

b

7 按照模具的尺寸用硬纸板做两个刮板（c）。把原味蛋糕糊和咖啡蛋糕糊各分成两份，交替倒入模具中。每倒入一层蛋糕糊，都要用纸刮板把表面抹平整，这关系到最终成品切面的条纹是否漂亮。

c

8 按照表格中标注的温度和时间烘烤。

9 出炉后立刻翻转倒置模具，冷却后用竹签或抹刀等脱模。

※ 蛋糕烤好后可以用奶油和咖啡酒来装饰。

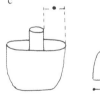

根据模具的尺寸确定纸板的宽度

咖啡条纹戚风
Coffee-striped Chiffon Cake

# 香草戚风
## Herb Chiffon Cake

香草能够让人沉心静气，越来越多的人开始迷恋香草的气味。我家庭院里种植的香草也在不断增加。制作香草戚风时，我尝试了多种不同香草的搭配，最终选择了胡椒薄荷和香蜂草。做好的戚风表面可以装饰一些晾干的香草糖。

### 原料和烘烤时间

| | 17 厘米 | 20 厘米 |
|---|---|---|
| **蛋黄糊** | | |
| 蛋黄（中等大小） | 3 个 | 6 个 |
| 牛奶 | 40 毫升 | 70 毫升 |
| 色拉油 | 50 毫升 | 80 毫升 |
| 柠檬汁 | 略少于 2 小勺 | 1 大勺 |
| 柠檬皮 | 1/5 个柠檬的果皮 | 1/3 个柠檬的果皮 |
| 胡椒薄荷叶 | 18 片 | 30 片 |
| 香蜂草 | 6 片 | 10 片 |
| 低筋面粉 | 70 克 | 120 克 |
| **蛋白霜** | | |
| 蛋白（中等大小） | 145 克（4 个） | 240 克（6～7 个） |
| 黑糖 | 65 克 | 110 克 |
| 烘烤时间（180℃） | 27 分钟 | 30 分钟 |

● 原料按照做法中用到的顺序列出。
● 直径 23 厘米的蛋糕原料用量是直径 20 厘米蛋糕用量的 1.5 倍，烘烤时间要延长 5 分钟。

### 做法

1　柠檬皮擦碎，柠檬榨汁。将胡椒薄荷叶和香蜂草切碎。

2　烤箱温度设定为 180℃，预热。

3　分离蛋黄与蛋白，分别倒入两个搅拌碗中备用。

4　**准备蛋黄糊**。把蛋黄打散，加入牛奶，然后加入色拉油和第 1 步中处理好的原料，筛入低筋面粉，充分混合。

5　**准备蛋白霜**。黑糖分 3 次倒入蛋白中，充分打发成蛋白霜。把蛋白霜分 3 次加入蛋黄糊中，每次加入后搅拌均匀再加下一次。

6　原料拌匀后倒入模具中，按照表格中标注的温度和时间烘烤。

7　**准备香草糖**。香草洗净，用纸巾拭干水分。蛋白稍稍打散，把香草在蛋白中轻轻蘸一下（a），裹上细砂糖（b），放在阳光下晾晒 1 小时，使其干燥。图中用到的香草是胡椒薄荷、香蜂草和琉璃苣花瓣、旱金莲花瓣（c）。
香草糖做好后放到封闭容器中，加入干燥剂可长期保存。

8　蛋糕烤好后脱模，用香草糖作装饰。

※ 这款蛋糕与香草茶可谓绝佳搭配。你可以尝试用新鲜香草和干燥香草进行混搭，风味变幻无穷。

a

b

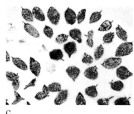
c

26

# 枫糖戚风

## Maple Syrup Chiffon Cake

枫糖浆是用糖枫树树干中的汁液熬制而成的。糖枫树主要生长在加拿大魁北克省和美国佛蒙特州，每年 2 月下旬，当糖枫还被皑皑白雪覆盖着的时候，已经可以开始采集树汁了。一棵糖枫大约可以产 150 升树汁。这 150 升树汁经过熬制最后只能产出大约 1 升枫糖浆，所以 100% 纯枫糖浆价格非常昂贵。

### 原料和烘烤时间

| | 17 厘米 | 20 厘米 |
| --- | --- | --- |
| **蛋黄糊** | | |
| 蛋黄（中等大小） | 3 个 | 6 个 |
| 枫糖浆 | 35 毫升 | 60 毫升 |
| 色拉油 | 50 毫升 | 80 毫升 |
| 低筋面粉 | 80 克 | 130 克 |
| **蛋白霜** | | |
| 蛋白（中等大小） | 140 克（4 个） | 230 克（6 个） |
| 细砂糖 | 20 克 | 30 克 |
| 枫糖浆 | 25 毫升 | 40 毫升 |
| 烘烤时间（180℃） | 27 分钟 | 30 分钟 |

●原料按照做法中用到的顺序列出。
●直径 23 厘米的蛋糕原料用量是直径 20 厘米蛋糕用量的 1.5 倍，烘烤时间要延长 5 分钟。

## 做法

1　烤箱温度设定为 180℃，预热。

2　分离蛋黄与蛋白，分别倒入两个搅拌碗中备用。

3　**准备蛋黄糊**。蛋黄打散，一点一点加入枫糖浆，同时用打蛋器搅拌，然后加入色拉油，混合均匀（a）。筛入低筋面粉，充分搅拌，做成略稠的蛋黄糊。

4　**准备蛋白霜**。把细砂糖和枫糖浆分 3 次倒入蛋白中，用电动打蛋机充分打发，做成蛋白霜（b、c）。加入枫糖浆做出的蛋白霜不像完全用细砂糖做的那样蓬松，最好一边用冰水隔水冷却，一边打发。

5　把做好的蛋白霜分 3 次倒入蛋黄糊中搅拌均匀，然后倒入模具中，入炉烘烤。

6　出炉后立刻倒扣冷却。

●枫糖戚风脱模时容易碎裂，要小心一些。

※ 这款蛋糕的最佳搭配是水果茶。用经过干燥处理的水果泡的茶颜色鲜艳，散发着独特的清香。

a

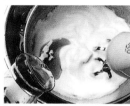
b

c

# 香辛料戚风

## Spice Chiffon Cake

在大航海时代，冒险家们扬帆出海探索未知的世界，他们渴望的除了黄金珠宝，还有香辛料，肉桂、生姜、肉蔻、丁香……

### 原料和烘烤时间

| | 17 厘米 | 20 厘米 |
|---|---|---|
| **蛋黄糊** | | |
| 蛋黄（中等大小） | 3 个 | 6 个 |
| 牛奶 | 65 毫升 | 110 毫升 |
| 色拉油 | 50 毫升 | 80 毫升 |
| ┌低筋面粉 | 65 克 | 110 克 |
| 肉桂 | 2 小勺 | 1 大勺 |
| 生姜 | 1/2 小勺 | 1 小勺 |
| 肉蔻 | 1/8 小勺 | 1/5 小勺 |
| 丁香 | 1/8 小勺 | 1/5 小勺 |
| └多香果 | 1/8 小勺 | 1/5 小勺 |
| 葛缕子 | 2 小勺 | 1 大勺 |
| **蛋白霜** | | |
| 蛋白（中等大小） | 145 克（4 个） | 240 克（6～7 个） |
| 黑糖 | 65 克 | 110 克 |
| 烘烤时间（180℃） | 27 分钟 | 30 分钟 |

● 原料按照做法中用到的顺序列出。
● 1 大勺约 15 毫升，1 小勺约 5 毫升。
● 直径 23 厘米的蛋糕原料用量是直径 20 厘米蛋糕用量的 1.5 倍，烘烤时间要延长 5 分钟。

## 做法

1　准备原料，同时把烤箱温度设定为 180℃，预热。
2　把肉桂、生姜、肉蔻、丁香、多香果研成粉末，与低筋面粉混合均匀（a）。
3　分离蛋黄与蛋白，分别倒入两个搅拌碗中备用。
4　**准备蛋黄糊。** 蛋黄打散，加入牛奶，然后加入色拉油，充分混合。筛入混合了香辛料的低筋面粉，加入葛缕子，用打蛋器搅拌均匀（b）。
5　**准备蛋白霜。** 将黑糖分 3 次加入蛋白中，充分打发（c）。
6　把做好的蛋白霜分 3 次加入蛋黄糊中，搅拌均匀后倒入模具中烘烤。
7　出炉后立刻倒扣冷却。

a

b

c

※ 这款蛋糕与印度尼西亚茶是绝佳的搭配。这种茶产于印度尼西亚的爪哇岛和苏门答腊岛，能够突显香辛料的香气。

融入水果的清新味道
# Chiffon Cake

## 柠檬戚风
Lemon Chiffon Cake

柠檬清爽的香气会带给人一种初夏的气息。蛋糕出炉后把柠檬和青柠的果皮煮至半透明状，装饰在蛋糕表面。

### 原料和烘烤时间

| | 17 厘米 | 20 厘米 |
|---|---|---|
| **蛋黄糊** | | |
| 蛋黄（中等大小） | 3 个 | 6 个 |
| 牛奶 | 40 毫升 | 60 毫升 |
| 柠檬汁 | 25 毫升 | 40 毫升 |
| 柠檬皮屑 | 1/3 柠檬的果皮 | 1/2 个柠檬的果皮 |
| 色拉油 | 50 毫升 | 80 毫升 |
| 低筋面粉 | 70 克 | 120 克 |
| **蛋白霜** | | |
| 蛋白（中等大小） | 145 克（4 个） | 240 克（6～7 个） |
| 细砂糖 | 70 克 | 120 克 |
| **柠檬糖霜** | | |
| 柠檬汁 | 30 毫升 | 40 毫升 |
| 糖粉 | 120 克 | 160 克 |
| **装饰** | | |
| 柠檬皮 | 1/2 个柠檬的果皮 | 2/3 个柠檬的果皮 |
| 青柠皮 | 1/2 个柠檬的果皮 | 2/3 个柠檬的果皮 |
| 水 | 80 毫升 | 100 毫升 |
| 细砂糖 | 80 克 | 100 克 |
| 烘烤时间（180℃） | 27 分钟 | 30 分钟 |

●原料按照做法中用到的顺序列出。
●直径 23 厘米的蛋糕原料用量是直径 20 厘米蛋糕用量的 1.5 倍，烘烤时间要延长 5 分钟。

### 做法

1 烤箱温度设定为 180℃，预热。

2 按照第 12 ～ 17 页的方法制作基础戚风蛋糕。倒入色拉油之前先加入切碎的柠檬皮屑和鲜榨柠檬汁。

3 **准备柠檬、青柠皮装饰。**削下柠檬和青柠薄薄的表皮，切成 0.2 厘米宽、5 厘米长的细丝。水开后放入果皮煮 1 分钟，捞出沥干水分。锅中加入砂糖煮沸，再放入煮好的柠檬和青柠皮，小火煮 5 分钟，煮至果皮呈半透明状捞出备用（a）。

4 **准备柠檬糖霜。**把柠檬汁和糖粉倒入小锅中，用木刮刀搅拌均匀。中火加热到人体温度（36℃左右），熬成黏稠状（b、c）。用刷子快速刷在戚风蛋糕表面（d）。

5 按照个人喜好把柠檬、青柠皮丝装饰在戚风蛋糕上。

●柠檬糖霜冷却后会变硬，不容易刷匀，需要重新加热溶化。刷好糖霜在室温下静置 1 小时，糖霜会变成半透明状，看上去晶莹剔透。刷柠檬糖霜时如果温度过高，糖霜会渗入蛋糕内部，最后变成全透明的糖衣。如果空气湿度较高，夏天需要放在冷藏室中保存。刷上柠檬糖霜后蛋糕不易干燥，保存期较长。

a

b

c

d

※ 大吉岭红茶和这款蛋糕搭配最合适（参照第 82 页）。大吉岭红茶产于印度西孟加拉邦北部喜马拉雅山麓的大吉岭高原一带，具有"麝香葡萄酒的清雅芳香"。5 ～ 6 月产的茶称为二号茶，风味最佳，与口味酸甜的柠檬戚风可以说是绝配。

# 香蕉戚风

Banana Chiffon Cake

把水果加入蛋糕糊中烘烤，别具风味。香蕉熟透后果皮上会出现小黑点，有时让人看了敬而远之，不过这样的香蕉最适合用来做香蕉戚风。厨房飘出的香甜味道会让人禁不住直咽口水。

## 原料和烘烤时间

|  | 17 厘米 | 20 厘米 |
|---|---|---|
| **蛋黄糊** | | |
| 蛋黄（中等大小） | 3 个 | 6 个 |
| 牛奶 | 略多于 1 大勺 | 2 大勺 |
| 色拉油 | 50 毫升 | 80 毫升 |
| 香蕉 | 100 克 | 160 克 |
| 低筋面粉 | 80 克 | 130 克 |
| **蛋白霜** | | |
| 蛋白（中等大小） | 150 克（4 个） | 250 克（7 个） |
| 黑糖 | 60 克 | 100 克 |
| 烘烤时间（180℃） | 32 分钟 | 35 分钟 |

●原料按照做法中用到的顺序列出。
●1 大勺约 15 毫升。
●直径 23 厘米的蛋糕原料用量是直径 20 厘米蛋糕用量的 1.5 倍，烘烤时间要延长 5 分钟。

## 做法

1 原料准备好后，把烤箱温度设定为 180℃，预热。

2 用捣碎器或者刀叉等将香蕉压成泥。注意不要留下大的碎块，否则成品中很容易出现空洞。香蕉的用量也要按照配方精确称量，用量过多会使蛋糕变形（a）。

3 分离蛋黄与蛋白，分别倒入两个搅拌碗中备用。

4 **准备蛋黄糊。**打散蛋黄，倒入牛奶，然后加入色拉油，充分混合。加入香蕉泥，搅拌均匀（b）。最后筛入低筋面粉，快速拌匀。

5 **准备蛋白霜。**把黑糖分 3 次加入蛋白中，每加入一次都要用电动打蛋机充分打发，让黑糖溶化。

6 把蛋白霜分 3 次加入蛋黄糊中，搅拌均匀后倒入模具烘烤（c）。

7 出炉后立刻倒扣冷却，脱模。

●要挑选皮上出现小黑点、熟透的香蕉，否则香味不够浓郁。
●图 c 中用的是 17 厘米的纸质戚风蛋糕模。

※ 这款蛋糕搭配稍浓一些的坎迪冰茶感觉最为美妙。坎迪（Kandy）是斯里兰卡古城，也是第二大城市，坐落在高原之上，这里出产的红茶世界闻名。

b

c

a

胡萝卜素带来了鲜艳的色彩
# *Chiffon Cake*

## 胡萝卜杏仁戚风
Carrot & Almond Chiffon Cake

这是一款加入了胡萝卜和杏仁粉烘烤而成的戚风蛋糕。胡萝卜富含 β-胡萝卜素，杏仁粉香气浓郁。蛋糕颜色明艳自然，非常美味，可以作为简单的早午餐。

### 原料和烘烤时间

| | 17 厘米 | 20 厘米 |
|---|---|---|
| **蛋黄糊** | | |
| 蛋黄（中等大小） | 3 个 | 6 个 |
| 色拉油 | 55 毫升 | 90 毫升 |
| 胡萝卜（净重） | 85 克 | 140 克 |
| 低筋面粉 | 55 克 | 90 克 |
| 杏仁粉 | 25 克 | 40 克 |
| **蛋白霜** | | |
| 蛋白（中等大小） | 150 克（4 个） | 250 克（7 个） |
| 细砂糖 | 65 克 | 110 克 |
| 烘烤时间（180℃） | 37 分钟 | 40 分钟 |

● 原料按照做法中用到的顺序列出。
● 直径 23 厘米的蛋糕原料用量是直径 20 厘米蛋糕用量的 1.5 倍，烘烤时间要延长 5 分钟。

**做法**

1 烤箱温度设定为 180℃，预热。
2 选用色泽鲜艳的胡萝卜，削皮，擦碎（a）。
3 低筋面粉和杏仁粉混合均匀。
4 分离蛋黄与蛋白，分别倒入两个搅拌碗中备用。
5 准备蛋黄糊。把色拉油慢慢加入打散的蛋黄中，用打蛋器混合均匀。加入擦碎的胡萝卜，轻轻混合（b）。筛入粉类原料（c），搅拌均匀。
6 准备蛋白霜。参照第 14 页的做法。
7 把蛋白霜分 3 次加入蛋黄糊中搅拌。杏仁粉分泌出的油脂会降低蛋糕的蓬松程度，不要搅拌过度。
8 出炉后立刻倒扣冷却，脱模。

a

b

c

※ 这款蛋糕的最佳搭配饮品是迪布拉红茶（Dimbula，参照第 82 页）。迪布拉红茶产于斯里兰卡中央山脉西侧、海拔 1600 ~ 2300 米的高地上，采摘期是每年的 1 ~ 2 月，茶汤透明，呈现靓丽的红色。

# 万圣节南瓜戚风

Pumpkin Chiffon Cake

千奇百怪的南瓜灯是万圣节必不可少的元素。这也使美国人养成了喜欢吃南瓜类甜点的习惯。那种未经修饰的美味格外令人动心。动手前要先用捣碎器把南瓜压成南瓜泥。

## 原料和烘烤时间

|  | 17 厘米 | 20 厘米 |
| --- | --- | --- |
| 蛋黄糊 | | |
| 南瓜（净重） | 95 克 | 160 克 |
| 蛋黄（中等大小） | 3 个 | 6 个 |
| 牛奶 | 略多于 1 大勺 | 2 大勺 |
| 色拉油 | 50 毫升 | 80 毫升 |
| 低筋面粉 | 70 克 | 120 克 |
| 蛋白霜 | | |
| 蛋白（中等大小） | 150 克（4 个） | 250 克（7 个） |
| 细砂糖 | 60 克 | 100 克 |
| 烘烤时间（180℃） | 32 分钟 | 35 分钟 |

●原料按照做法中用到的顺序列出。
●1 大勺约 15 毫升。
●直径 23 厘米的蛋糕原料用量是直径 20 厘米蛋糕用量的 1.5 倍，烘烤时间要延长 5 分钟。

## 做法

1　烤箱温度设定为 180℃，预热。
2　南瓜去皮、去子。在锅里加少量水，加盖，放入切成块的南瓜煮软。用笊篱捞出南瓜、沥干水分（a）。借助捣碎器等工具将南瓜压成泥。如果留有碎块，在烘焙过程中容易出现空洞。
3　分离蛋黄与蛋白，分别倒入两个搅拌碗中备用。
4　**准备蛋黄糊**。把蛋黄逐个加入南瓜泥中，用打蛋器搅拌（b）。逐一加入牛奶、色拉油，搅拌至奶油状。最后筛入低筋面粉，搅拌均匀。
5　**准备蛋白霜**。将砂糖分 3 次加入蛋白中，用电动打蛋机充分打发。
6　把蛋白霜分 3 次加入蛋黄糊中，搅拌均匀（c）。
7　将蛋糕糊倒入模具中，抹平表面，放入烤箱烘烤。
8　蛋糕出炉后倒扣冷却，用万圣节饼干装饰（d）。万圣节饼干的做法请参照"圣诞树桩戚风"的叶子做法（参照第 48 ~ 49 页）。

●由于蛋糕糊中加入了南瓜泥，烘烤时膨胀性要弱一些，所以食材用量与其他款戚风蛋糕相比略多。可以尝试提高牛奶的比例，增加蛋糕的蓬松感。

※ 这款蛋糕的最佳搭档是阿萨姆红茶（参照第 83 页）。6 ~ 7 月采摘的茶叶呈美丽的深红色。汤色深红稍褐，没有那么艳丽，加一些牛奶，就是这款南瓜戚风的绝妙搭档。

a

b

c

d

適合在節日分享的戚風
# Chiffon Cake

抹茶红豆戚风
Matcha & Adzuki Chiffon Cake

# 抹茶红豆戚风

Matcha & Adzuki Chiffon Cake

这款戚风的灵感来自日式和果子。抹茶的清香与蜜红豆柔和的甘甜味道融合在一起可谓相得益彰，很适合在正月里用来招待客人。

## 原料和烘烤时间

|  | 17 厘米 | 20 厘米 |
|---|---|---|
| **蛋黄糊** | | |
| 蛋黄（中等大小） | 3 个 | 6 个 |
| 牛奶 | 65 毫升 | 110 毫升 |
| 色拉油 | 55 毫升 | 90 毫升 |
| 低筋面粉 | 70 克 | 120 克 |
| 抹茶粉 | 6 克（略多于1大勺） | 10 克（2 大勺） |
| **蛋白霜** | | |
| 蛋白（中等大小） | 145 克（4 个） | 240 克（6～7 个） |
| 细砂糖 | 65 克 | 110 克 |
| | | |
| 蜜红豆 | 95 克 | 160 克 |
| 抹茶粉（筛在蛋糕表面） | 适量 | 适量 |
| 烘烤时间（180℃） | 27 分钟 | 30 分钟 |

● 原料按照做法中用到的顺序列出。
● 直径 23 厘米的蛋糕原料用量是直径 20 厘米蛋糕用量的 1.5 倍，烘烤时间要延长 5 分钟。

## 做法

1 烤箱温度设定为 180℃，预热。
2 混合低筋面粉与抹茶粉，拌匀（a）。
3 分离蛋黄与蛋白，分别倒入两个搅拌碗中备用。
4 **准备蛋黄糊**。蛋黄打散，加入牛奶、色拉油，充分搅拌。筛入混合好的粉类原料，搅拌均匀（b）。
5 **准备蛋白霜**。把砂糖分 3 次加入蛋白中，用电动打蛋机充分打发。
6 把蛋白霜分 3 次倒入蛋黄糊中，搅拌均匀。撒入蜜红豆，用橡胶刮刀略加搅拌即可（c）。
7 将蛋糕糊倒入模具中，放入烤箱烘烤。
8 蛋糕出炉后立刻倒扣冷却。
9 脱模后用茶筛在蛋糕表面筛一层抹茶粉。

● 注意要拭干蜜红豆表面的水分。

※ 这款蛋糕的最佳搭配饮品自然是抹茶了。用简单朴素的茶杯和茶筅就可以营造出浓厚的茶道氛围。在夏天，用冰水冲泡抹茶也非常好喝。剩余的抹茶粉可以冷冻保存。

a

b

c

# 棉花糖戚风

地处北欧的芬兰是世界上蜡烛消费量最大的国家。芬兰人点蜡烛的方式非常浪漫，皑皑白雪中，在家门前的玄关处燃起成片的蜡烛，烛光熠熠生辉，如同梦境一般。这就是这款蛋糕的灵感来源。

## 原料和烘烤时间

|  | 17 厘米 | 20 厘米 |
|---|---|---|
| 君度酒（刷蛋糕体用） | 2 大勺 | 3 大勺 |
| 打发奶油 |  |  |
| 鲜奶油 | 300 毫升 | 400 毫升 |
| 细砂糖 | 3 大勺 | 4 大勺 |
| 君度酒 | 1 大勺 | 1½ 大勺 |
| 棉花糖 |  |  |
| 细砂糖 | 200 克 | 300 克 |
| 水饴 | 80 克 | 120 克 |
| 水 | 60 毫升 | 80 毫升 |

● 原料按照做法中用到的顺序列出。
● 直径 23 厘米的蛋糕原料用量是直径 20 厘米蛋糕用量的 1.5 倍，烘烤时间要延长 5 分钟。

## 做法

1　制作基础戚风蛋糕（参照第 12 ～ 17 页）。

2　**打发鲜奶油。**把细砂糖和君度酒倒入鲜奶油中，打至七分发。

3　将烤好的蛋糕放在转台上，刷上君度酒，然后把打发的奶油倒在蛋糕表面。

4　**制作棉花糖。**事先将一支打蛋器的前端切掉一部分备用（a）。将细砂糖、水饴和水倒入小锅中，中火加热。在熬煮过程中会产生蒸汽，蒸汽会逐渐减少、消失，锅中的糖浆开始变色。在熬制糖浆的过程中，要尽量使温度保持在 160℃ 左右（b），这一步比较难操作。糖浆煮好后，把锅浸入水中隔水冷却 5 秒钟，夏天可以用冰水冷却（c）。接下来，请参照图片，一只手持完好的打蛋器，另一只手用切掉前端的打蛋器从糖浆中挑起糖丝，缠绕在完好的打蛋器上制作棉花糖。需要注意的是，如果糖浆完全冷却，就无法拔出糖丝了，所以动作一定要快（d）。

5　把棉花糖装饰在戚风蛋糕周围即可。

● 冬天，棉花糖的形状可以保持 1 ～ 2 小时，而夏天很快就会溶化，请在享用前再装饰。

a

b

c

d

# 棉花糖戚风
## Spun Sugar Chiffon Cake

圣诞树桩戚风
"Bûche de Noël" Chiffon Cake

# 圣诞树桩戚风

*"Bûche de Noël" Chiffon Cake*

每年临近圣诞，巴黎的甜点店都为推出圣诞树桩蛋糕忙得昏天黑地。甜点店的橱窗里摆满了大大小小的圣诞树桩蛋糕。法语中"Bûche"的意思是"卷"，"Noël"是"圣诞"，所以圣诞树桩蛋糕在法语中的原意是"圣诞蛋糕卷"。今年圣诞节，不妨动手把戚风蛋糕做成树桩的样子，烤一个属于自己的圣诞树桩蛋糕吧。

### 原料和烘烤时间

| | 17 厘米 | 20 厘米 |
|---|---|---|
| **蛋白霜蘑菇** | | |
| 蛋白（中等大小） | 50 克（1½ 个） | 50 克（1½ 个） |
| 细砂糖 | 100 克 | 100 克 |
| **常青藤叶饼干** | | |
| 无盐黄油 | 30 克 | 40 克 |
| 糖粉 | 30 克 | 40 克 |
| 蛋白 | 30 克 | 40 克 |
| 低筋面粉 | 30 克 | 40 克 |
| 可可粉 | 1/5 小勺 | 1/4 小勺 |
| **可可奶油** | | |
| 可可粉 | 10 克 | 15 克 |
| 热水 | 30 毫升 | 55 毫升 |
| 鲜奶油 | 200 毫升 | 300 毫升 |
| 细砂糖 | 2 大勺 | 3 大勺 |
| 朗姆酒 | 1 大勺 | 1½ 大勺 |
| | | |
| 朗姆酒（刷在蛋糕表面） | 2 大勺 | 3 大勺 |
| 糖粉 | 少许 | 少许 |

另外，还要用到杏仁糖、巧克力、蔓越莓和薄脆酥皮。

●原料按照做法中用到的顺序列出。
●制作蛋白霜蘑菇时，原料太少操作起来会比较困难，所以不管做哪种尺寸的蛋糕，制作蛋白霜蘑菇的原料用量都是一样的。
●直径 23 厘米的蛋糕原料用量是直径 20 厘米蛋糕用量的 1.5 倍，烘烤时间要延长 5 分钟。

### 做法

1　按照第 12 ～ 17 页的说明制作基础戚风蛋糕，冷却备用。

2　**制作蛋白霜蘑菇。** 在蛋白中加入细砂糖，按照第 78 页的做法制作瑞士蛋白霜。在裱花袋中装入嘴口直径为 1 厘米的裱花嘴（a），盛入蛋白霜。在烤盘上铺一层烘焙纸，挤出蘑菇的菌柄和菌盖（b）。
烤箱温度设定为 100℃，烘烤 2 ～ 3 小时，之后关掉电源，将烤箱门打开一条缝，用余热烤干，大约需要 1 小时。用裱花袋挤制菌柄和菌盖时，顶端会留下一个小尖角，可以用小刀切下来。最后用可可奶油把菌柄和菌盖粘合成完整的蘑菇（c）。

3　**制作常青藤叶饼干。** 用微波炉将无盐黄油软化成奶油状，加入糖粉，用打蛋器搅匀，注意不要打发。
加入蛋白和低筋面粉，搅拌均匀，做成饼干糊。
取 1/3 饼干糊，拌入可可粉。裱花袋中装入嘴口直径 0.1 厘米的裱花嘴（d），盛入可可饼干糊备用。用笔在纸上画出常青藤叶片的形状，然后盖上半透明的烘焙纸，用小勺盛取饼干糊，沿着画笔的痕迹勾勒出叶片（e）。用裱花袋中的可可饼干糊画出叶脉（f）。烤箱预热至 180℃，烘烤 8 分钟，出炉后趁热用擀面棒修整，使叶片自然弯曲（g）。

a

b

c

4　**准备可可奶油**。用热水将可可粉冲开，加入鲜奶油、细砂糖和朗姆酒，浸入冰水中隔水冷却，同时用打蛋器打至七分发。

5　**装饰**。烤好的蛋糕放到转台上，均匀地刷上朗姆酒。把 1/2 的可可奶油倒在蛋糕表面，剩下的用抹刀抹在蛋糕侧面，修整平滑。最后用带锯齿的刮板（h）自下而上在蛋糕侧面刮出类似树干表皮的纹理。

6　把做好的蘑菇、常青藤叶和蔓越莓、杏仁糖装饰在"树桩"上。

7　用筛网在蛋糕表面筛少许糖粉，营造出落雪的感觉。

8　取几片薄脆酥皮（参照第 50 页），展开掰成不规则的小块。可可粉加热水搅匀，刷在酥皮上，做成树皮的样子。把做好的"树皮"装饰在蛋糕周围即可。

●也可以直接用新鲜的常青藤叶、柊树叶或是新鲜水果来装饰，成品非常漂亮。

※ 这款蛋糕是为迎接圣诞特别制作的，与法国的一款名为"圣诞（Noël）"的香草茶搭配最为相得益彰。这种香草茶中加入了被称为"圣诞香草"的波旁香草（Bourbon vanilla）和橙皮，风味浓醇。

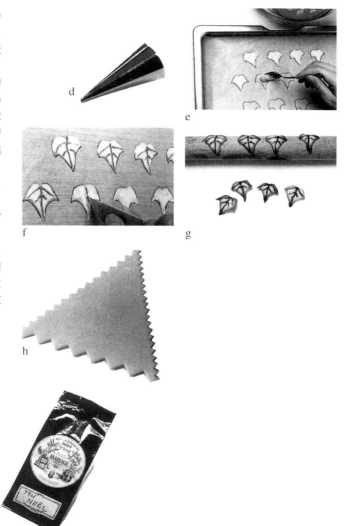

d

e

f

g

h

# 七彩水果戚风

Chiffon Cake with Colorful Fruit

无论在什么季节，水果摊上总是五颜六色，各种各样的水果让人垂涎欲滴。做生日蛋糕时可以用丰富的应季水果来装饰。

## 原料和烘烤时间

|  | 17 厘米 | 20 厘米 |
|---|---|---|
| **蛋黄糊** |  |  |
| 蛋黄（中等大小） | 3 个 | 6 个 |
| 牛奶 | 65 毫升 | 110 毫升 |
| 色拉油 | 55 毫升 | 90 毫升 |
| 低筋面粉 | 70 克 | 120 克 |
| **蛋白霜** |  |  |
| 蛋白 | 145 克（4 个） | 240 克（6 ~ 7个） |
| 细砂糖 | 60 克 | 100 克 |
| 烘烤时间（180℃） | 27 分钟 | 30 分钟 |

另外还要用到蔓越莓、黑莓、甜瓜（绿色和橙色两种）、蜜蜂花、香草荚和薄脆酥皮。

● 原料按照做法中用到的顺序列出。
● 直径 23 厘米的蛋糕原料用量是直径 20 厘米蛋糕用量的 1.5 倍，烘烤时间要延长 5 分钟。

## 做法

1 按照第 12 ~ 17 页的说明制作基础戚风蛋糕，冷却备用。

a

2 根据自己的喜好选择水果装饰在蛋糕上。甜瓜要先削皮、去子。图片中垫在蛋糕下面的是用 15 张薄脆酥皮叠在一起烤成的蛋糕底。

b

薄脆酥皮，英文称为 phyllo，源自希腊语，原意为"树叶"。制作薄脆酥皮的主要原料是小麦粉、玉米粉、盐和水，与制作派皮的原料类似，但不含油脂，因而口感轻盈，可以冷冻保存，用途非常广泛。市场上卖的薄脆酥皮一般是每袋 22 张（a），每张长 40 厘米、宽 29 厘米（b）。图 c 是烤好装盘的薄脆酥皮。

c

● 在蛋糕上抹一层打发的奶油，装饰上草莓，就是美味的草莓蛋糕了。你可以用同样的方法做出自己喜欢的水果蛋糕。

※ 推荐用大吉岭一号茶搭配这款蛋糕。一号茶采摘于 3 ~ 4 月，呈淡淡的青绿色，搭配色彩鲜艳的水果绝对是上佳选择。

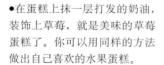

心形巧克力戚风
Heart-Shaped Chocolate Chiffon Cake

# 心形巧克力戚风

Heart-Shaped Chocolate Chiffon Cake

把自己的柔情蜜意融入蛋糕中，情人节就把它送给你爱的人吧。

**原料和烘烤时间**

| | 19 厘米(心形蛋糕模) | 20 厘米(普通戚风蛋糕模) |
|---|---|---|
| **蛋黄糊** | | |
| 蛋黄（中等大小） | 5 个 | 6 个 |
| 牛奶 | 95 毫升 | 110 毫升 |
| 色拉油 | 75 毫升 | 90 毫升 |
| 低筋面粉 | 100 克 | 120 克 |
| **蛋白霜** | | |
| 蛋白 | 200 克（6 个） | 240 克（6～7 个） |
| 细砂糖 | 95 克 | 110 克 |
| **制作蛋糕中的巧克力条纹** | | |
| 可可粉 | 3～4 大勺 | 4～5 大勺 |
| 热水 | 4½ 大勺 | 6 大勺 |
| **巧克力奶油** | | |
| 巧克力 | 85 克 | 100 克 |
| 鲜奶油 | 300 毫升 | 400 毫升 |
| 白兰地 | 略小于 2 大勺 | 2 大勺 |
| | | |
| 白兰地（刷在蛋糕表面） | 2½ 大勺 | 3 大勺 |
| 可可粉（筛在蛋糕表面） | 适量 | 适量 |
| 烘烤时间（180℃） | 40 分钟 | 30 分钟 |

● 原料按照做法中用到的顺序列出。
● 直径 23 厘米的蛋糕原料用量是直径 20 厘米蛋糕用量的 1.5 倍，烘烤时间要延长 5 分钟。

## 做法

以 19 厘米的心形蛋糕模为例。

1 为了让蛋糕呈现出大理石纹效果，要先把热水与可可粉混合成糊状，

备用（a）。

2 按照基础戚风蛋糕的制作要点准备蛋糕糊。与基础戚风蛋糕不同的是，将蛋白霜分 3 次倒入蛋黄糊中后，要加入第 1 步制作好的可可糊，用橡胶刮刀大幅搅拌几下，注意不要搅拌过度（b），否则蛋糕切面就不会出现巧克力大理石纹了。

3 把蛋糕糊慢慢倒入心形模具中，放到预热好的烤箱（180℃）中烘烤。

4 蛋糕出炉后立刻倒扣冷却。

5 **准备巧克力奶油。** 把巧克力切成小块，和鲜奶油一起倒入搅拌碗中，中火加热。巧克力完全溶化后将搅拌碗浸入冰水中隔水冷却，同时用打蛋器将巧克力和鲜奶油混合均匀。倒入白兰地，用打蛋器快速打至七分发。

6 把烤好的蛋糕放在转台上，刷上白兰地酒，然后把巧克力奶油倒在蛋糕表面，用抹刀修整平滑（c）。

7 把留在旋转台上的巧克力奶油擦干净，用筛网将可可粉均匀地筛在蛋糕表面（d）。图 e 是蛋糕的切面图。

※ 搭配这款蛋糕的最佳选择是法国的一款加味茶——"情人（Valentine）"，这款茶洋溢着浪漫的气息，更突显了蛋糕的浓郁风味。

a

b

c

d

e

# 散发着浓郁坚果香
## *Chiffon Cake*

## 罂粟子戚风
### Poppy Seed Chiffon Cake

在罗马的西班牙广场上，有一家名叫哈斯拉的旅馆，在旅馆里一边远眺罗马的风景，一边品尝罂粟子①面包实在是种惬意的享受。那里的罂粟子面包非常美味，带给人一种宁静的感觉，于是我尝试着做了这款戚风。

### 原料和烘烤时间

|  | 17 厘米 | 20 厘米 |
|---|---|---|
| **蛋黄糊** | | |
| 蛋黄（中等大小） | 3 个 | 6 个 |
| 牛奶 | 65 毫升 | 110 毫升 |
| 色拉油 | 55 毫升 | 90 毫升 |
| 低筋面粉 | 80 克 | 130 克 |
| 罂粟子（蓝色） | 30 克 | 50 克 |
| **蛋白霜** | | |
| 蛋白 | 145 克（4 个） | 240 克（6～7 个） |
| 细砂糖 | 65 克 | 110 克 |
| 烘烤时间（180℃） | 32 分钟 | 35 分钟 |

● 原料按照做法中用到的顺序列出。
● 直径 23 厘米的蛋糕原料用量是直径 20 厘米蛋糕用量的 1.5 倍，烘烤时间要延长 5 分钟。

**做法**

1 烤箱温度设定为 180℃，预热。

2 参照基础戚风蛋糕做法准备蛋黄糊（参照第 12 ～ 17 页）。在蛋黄糊中加入香味浓郁的罂粟子（a）、用打蛋器搅拌均匀（b）。

3 在蛋白中加入细砂糖打发，制作蛋白霜。

4 将蛋白霜分 3 次加入蛋黄糊中，搅拌均匀，倒入模具中。

5 蛋糕出炉后立刻将蛋糕倒扣冷却。完全冷却后脱模。

a

b

① 在欧美，罂粟子及其制品作为食品已有百年历史，主要用于制作面包、汉堡、酱料等。在中国，为避免出现安全问题，卫生部等政府部门要求罂粟子仅可用于榨取食用油脂，不得在市场上销售或用于加工其他调味品。大家可以用紫苏子、白芝麻代替。

罌粟子戚风
Poppy Seed Chiffon Cake

# 椰香戚风

Coconut Chiffon Cake

去斐济岛旅行时我品尝到了新鲜美味的椰子，由此便有了这款椰香戚风。制作要点就是在原料中加入椰浆粉，并用椰蓉装饰蛋糕表面。

## 原料和烘烤时间

| | 17 厘米 | 20 厘米 |
| --- | --- | --- |
| 蛋黄糊 | | |
| 蛋黄（中等大小） | 4 个 | 6 个 |
| 牛奶 | 65 毫升 | 110 毫升 |
| 色拉油 | 55 毫升 | 90 毫升 |
| 低筋面粉 | 50 克 | 80 克 |
| 椰浆粉 | 25 克 | 40 克 |
| 蛋白霜 | | |
| 蛋白（中等大小） | 145 克（4 个） | 240 克（6～7 个） |
| 细砂糖 | 65 克 | 110 克 |
| 打发奶油 | | |
| 鲜奶油 | 200 毫升 | 300 毫升 |
| 细砂糖 | 2 大勺 | 3 大勺 |
| 椰蓉 | 适量 | 适量 |
| 烘烤时间（180℃） | 30 分钟 | 33 分钟 |

● 原料按照做法中用到的顺序列出。
● 直径 23 厘米的蛋糕原料用量是直径 20 厘米蛋糕用量的 1.5 倍，烘烤时间要延长 5 分钟。

## 做法

1 原料准备好之后，把烤箱温度设定为 180℃，预热。

2 混合低筋面粉和椰浆粉。

3 蛋黄打散，依次加入牛奶、色拉油和混合好的粉类原料，按照基础戚风蛋糕的做法制作蛋黄糊（参照第 12～17 页）。

4 在蛋白中加入细砂糖，打发蛋白霜。

5 把蛋白霜分 3 次加入蛋黄糊中混合均匀。加入椰浆粉容易使蛋白霜消泡，注意不能搅拌过度。将做好的蛋糕糊倒入模具中，放入烤箱烘烤。

6 **打发鲜奶油。** 混合鲜奶油与细砂糖，把搅拌碗浸入冰水中，隔水打至七分发（a）。

7 把蛋糕放到裱花转台上，用抹刀把打发好的鲜奶油抹在蛋糕表面，修整光滑（b）。

8 把椰蓉撒在蛋糕上，然后像图片中那样用手轻轻粘在蛋糕侧面（c）。图 d 是蛋糕切面。

※ 搭配这款蛋糕的最佳选择是中国的祁门红茶。祁门红茶产于中国的安徽省，和大吉岭红茶、锡兰红茶并列为世界三大高香茶。在欧洲，祁门红茶被称为茶中的"勃艮第葡萄酒"，茶香清新持久，似果香又似兰花香，国际茶市称之为"祁门香"。

a

b

c

d

## 传统手法的再演绎
# *Chiffon Cake*

## 萨瓦兰戚风
### "Savarin" Chiffon Cake

布里亚·萨瓦兰（Brillat Savarin）是法国著名的美食家，著有《美食礼赞》一书，有一种名为"萨瓦兰"的蛋糕就是以他的名字命名的。制作萨瓦兰蛋糕时，蛋糕糊需要经过发酵，之后把烤好的蛋糕浸润在朗姆酒糖浆中，充分吸收糖浆，最后抹上杏果酱，装饰打发的鲜奶油。现在我们就来做一个萨瓦兰蛋糕风格的戚风。

### 原料和烘烤时间

| | 17 厘米 | 20 厘米 |
| --- | --- | --- |
| 朗姆酒糖浆 | | |
| 水 | 150 毫升 | 200 毫升 |
| 细砂糖 | 45 克 | 60 克 |
| 柠檬汁 | 15 毫升 | 20 毫升 |
| 朗姆酒 | 30 毫升 | 40 毫升 |
| 打发奶油 | | |
| 鲜奶油 | 150 毫升 | 200 毫升 |
| 细砂糖 | 1½ 大勺 | 2 大勺 |
| 朗姆酒 | 2 小勺 | 1 大勺 |
| | | |
| 杏果酱 | 适量 | 适量 |

●原料按照做法中用到的顺序列出。
●直径 23 厘米的蛋糕原料用量是直径 20 厘米蛋糕用量的 1.5 倍，烘烤时间要延长 5 分钟。

### 做法

1　原料、做法与基础戚风蛋糕大致相同（参照第 12 ~ 17 页）。由于蛋糕糊做好后要淋上朗姆酒糖浆，为了避免蛋糕过于湿黏，烘烤时间要延长 3 分钟。

2　**准备朗姆酒糖浆。** 在小锅中加入水和细砂糖，小火煮沸。砂糖完全溶化后静置冷却，然后加入柠檬汁和朗姆酒，放入冷藏室备用（a）。

3　**打发鲜奶油。** 混合鲜奶油、细砂糖和朗姆酒，把搅拌碗浸入冰水中，隔水打至六分发。

4　将打发好的奶油倒入盘中，把杏果酱装入裱花袋，挤在奶油上做装饰，最后摆上烤好的戚风即可。做好的朗姆酒糖浆可以装在小瓶中，淋在蛋糕上享用。

也可以用君度酒或者白兰地代替朗姆酒。

a

※ 武夷山正山小种红茶与这款蛋糕搭配最合适。加工这种茶时，要用松针或松柴明火熏焙干燥。茶叶具有独特的松烟香，在欧洲非常受欢迎。

# 蒙布朗戚风

## "Mont Blanc" Chiffon Cake

Mont Blanc，mont 指山峰，blanc 则是白色的意思。这款蛋糕的灵感来源于雄伟壮丽的阿尔卑斯山。从卢浮宫出来步行前往杜乐丽公园，你会在右手边看到著名的 ANGELINA 咖啡沙龙。这家咖啡沙龙的蒙布朗只有棒球那么大，每到下午茶时间，店里总是人满为患，人气最旺的就是蒙布朗了。

### 原料和烘烤时间

|  | 17 厘米 | 20 厘米 |
| --- | --- | --- |
| 栗子树叶（泡芙面糊） | | |
| 水 | 60 毫升 | 60 毫升 |
| 牛奶 | 60 毫升 | 60 毫升 |
| 无盐黄油 | 60 克 | 60 克 |
| 盐 | 2 克 | 2 克 |
| 低筋面粉 | 40 克 | 40 克 |
| 高筋面粉 | 40 克 | 40 克 |
| 鸡蛋 | 2 ~ 2½ 个 | 2 ~ 2½ 个 |
| 蒙布朗奶油 | | |
| 栗子酱（罐装） | 150 克 | 250 克（1 罐） |
| 鲜奶油 | 60 毫升 | 100 毫升 |
| 白兰地 | 2 小勺 | 1 大勺 |
| 打发奶油 | | |
| 鲜奶油 | 200 毫升 | 300 毫升 |
| 香草糖或细砂糖 | 2 大勺 | 3 大勺 |
| 白兰地（刷在蛋糕表面） | 2 大勺 | 3 大勺 |

●原料按照做法中用到的顺序列出。
●制作栗子树叶时，如果原料太少，做起来会比较困难，所以不管做哪种尺寸的蛋糕，制作栗子树叶的原料用量都相同。
●直径 23 厘米的蛋糕原料用量是直径 20 厘米蛋糕用量的 1.5 倍，烘烤时间要延长 5 分钟。

### 做法

1　制作基础戚风蛋糕，备用（参照第 12 ~ 17 页）。

2　**制作栗子树叶。**烤箱温度设定为 180℃，预热。在锅中加入水、牛奶、无盐黄油和盐，中火煮至黄油和盐溶化，加入低筋面粉和高筋面粉，用木刮刀搅拌 5 ~ 6 秒后关火。趁热加入蛋液，用木刮刀混合均匀（a）。在纸上画出栗子树叶的形状，然后蒙上半透明的烘焙纸。在裱花袋中装一个口径 0.1 厘米的裱花嘴，盛入制作栗子树叶的原料，按照纸上透出的画笔痕迹勾勒出树叶形状（b）。放入烤箱烘烤大约 10 分钟，取出冷却。

3　**制作蒙布朗奶油。**在栗子酱中加入鲜奶油和白兰地，用打蛋器打发（c）。

4　鲜奶油打至七分发（参照第 84 页）。

5　把烤好的蛋糕放到转台上，表面刷白兰地，抹一层鲜奶油。用做蒙布朗专用的裱花嘴（d）把蒙布朗奶油由外向内呈放射状挤在蛋糕表面。最后装饰上栗子树叶即可。

●可以在蛋糕表面筛一些糖粉或者用糖渍栗子做装饰，也可以把罐装栗子泥挤在蛋糕表面做装饰，不过栗子泥比较硬，很难直接用裱花袋挤出，可以适当加一些鲜奶油。

a

b

c

d

用其他粉类原料制作的戚风蛋糕
# Chiffon Cake

## 玉米粉戚风
Cornmeal Chiffon Cake

金黄色的玉米粉在烘烤过程中会形成焦褐色蛋糕外皮，看上去让人垂涎欲滴，总觉得吃不够，可以代替面包作为主食。

### 原料和烘烤时间

| | 17 厘米 | 20 厘米 |
| --- | --- | --- |
| **蛋黄糊** | | |
| 蛋黄（中等大小） | 3 个 | 6 个 |
| 牛奶 | 70 毫升 | 120 毫升 |
| 色拉油 | 55 毫升 | 90 毫升 |
| 玉米粉 | 80 克 | 130 克 |
| **蛋白霜** | | |
| 蛋白（中等大小） | 150 克（4 个） | 250 克（7 个） |
| 细砂糖 | 65 克 | 110 克 |
| 烘烤时间（180℃） | 32 分钟 | 35 分钟 |

●原料按照做法中用到的顺序列出。
●直径 23 厘米的蛋糕原料用量是直径 20 厘米蛋糕用量的 1.5 倍，烘烤时间要延长 5 分钟。

### 做法

按照第 12 ～ 17 页的做法制作基础戚风蛋糕。

玉米粉质地粗糙，无须过筛，直接倒入搅拌碗中即可（a）。

注意，玉米粉颗粒比低筋面粉粗很多，膨胀性差，所以原料用量相对较多，烘烤时间也比基础戚风蛋糕要长一些。

a

※ 最适合搭配这款蛋糕的是产自印度西南部的尼尔吉里红茶（Nilgiri tea）。在它的产地，"nilgiri" 是青山的意思。尼尔吉里红茶的最佳采摘期是每年 1 ～ 2 月，茶香清新，风味淡雅，适合加入花草或水果制成各种风味的加味茶。这款蛋糕切开是金黄色的，非常适合搭配柠檬味的茶。

# 西蒙尼那小麦粉戚风
## Semolina Chiffon Cake

"用西蒙尼那小麦粉做戚风"，这个想法恐怕会吓到不少人吧，大家通常认为，用硬质杜兰小麦磨成的西蒙尼那小麦粉颗粒粗糙，只适于做意大利面。西蒙尼那小麦粉属于高筋面粉，面筋度高，但面粉中有一种微甜味道，与用低筋面粉制作的戚风口感完全不同，不妨试一试。

### 原料和烘烤时间

| | 17 厘米 | 20 厘米 |
| --- | --- | --- |
| 蛋黄糊 | | |
| 蛋黄（中等大小） | 3 个 | 6 个 |
| 牛奶 | 70 毫升 | 120 毫升 |
| 色拉油 | 55 毫升 | 90 毫升 |
| 西蒙尼那小麦粉 | 80 克 | 130 克 |
| 蛋白霜 | | |
| 蛋白（中等大小） | 150 克（4 个） | 250 克（7 个） |
| 细砂糖 | 65 克 | 110 克 |
| 烘烤时间（180℃） | 32 分钟 | 35 分钟 |

● 原料按照做法中用到的顺序列出。
● 直径 23 厘米的蛋糕原料用量是直径 20 厘米蛋糕用量的 1.5 倍，烘烤时间要延长 5 分钟。

**做法**

1　按照第 12 ~ 17 页的做法制作基础戚风蛋糕。西蒙尼那小麦粉和玉米粉一样，质地比低筋面粉粗糙，所以原料用量要多一些，烘烤时间也要延长。

2　**准备蛋黄糊**。西蒙尼那小麦粉很粗糙，无须过筛，直接加入蛋黄液中即可（a）。与低筋面粉相比，西蒙尼那小麦粉更容易与蛋黄混合均匀（b）。

3　蛋白霜的制作方法请参照第 14 页的图片。

4　把蛋白霜分 3 次倒入蛋黄糊中搅拌均匀，然后倒入模具中。用橡胶刮刀将蛋糕糊表面抹平（c），烤箱预热至 180℃后，放入模具烘烤。

5　准备意式浓缩咖啡奶油（参照第 76 页）。

6　蛋糕出炉后立刻倒置冷却。完全冷却后脱模，把蛋糕切成小块，搭配意式浓缩咖啡奶油享用。

※ 这款蛋糕的最佳搭配茶饮是锡兰红茶。锡兰红茶产自斯里兰卡的锡兰高地，8 ~ 9 月采摘的茶叶品质最佳，茶香醇厚。

a

b

c

# 栗子戚风

## Marron Flour Chiffon Cake

意大利有很多用豆类和各种坚果制成的粉类原料，种类丰富到令人嫉妒。做这款蛋糕用的栗子粉是我在佛罗伦萨买的，现在想起来，耳畔仍然会回响起那些晴空下响亮的叫卖声。

### 原料和烘烤时间

| | 17 厘米 | 20 厘米 |
|---|---|---|
| **蛋黄糊** | | |
| 蛋黄（中等大小） | 3 个 | 6 个 |
| 牛奶 | 65 毫升 | 110 毫升 |
| 色拉油 | 55 毫升 | 90 毫升 |
| 栗子粉 | 70 克 | 120 克 |
| **蛋白霜** | | |
| 蛋白（中等大小） | 145 克（4 个） | 240 克（6～7 个） |
| 细砂糖 | 60 克 | 100 克 |
| 烘烤时间（180℃） | 27 分钟 | 30 分钟 |

●原料按照做法中用到的顺序列出。
●直径 23 厘米的蛋糕原料用量是直径 20 厘米蛋糕用量的 1.5 倍，烘烤时间要延长 5 分钟。

## 做法

将基础戚风蛋糕配方中的低筋面粉换成栗子粉，做法和烘烤时间与基础戚风蛋糕相同（参照第 12 ～ 17 页）。

1 栗子粉很容易板结，使用前一定要过筛（a）。

2 可以搭配意大利栗子花蜜和低脂的里科塔乳酪（b）。

a

b

## 制作巧克力装饰的工具

第 24 页最下方用来装饰咖啡条纹戚风的是用巧克力做的五线谱。

1 用制作甜点的透明胶膜（a）在溶化的巧克力中蘸一下，巧克力定型冷却后取下。

2 用甜点造型专用工具（b）在巧克力片表面划出细纹，做成五线谱，再借助裱花嘴画上音符即可（c）。

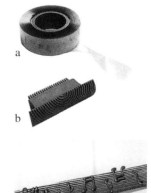

a

b

c

# 天使蛋糕
## Angel Food Cake

这是一款用蛋白制作的质地松软的蛋糕。在蛋糕糊中加入蛋黄就变成了我们熟知的戚风蛋糕。天使蛋糕在美国有很长的历史，非常受欢迎，美国人通常把戚风蛋糕模称为天使蛋糕模。

### 原料和烘烤时间

|  | 17 厘米 | 20 厘米 |
| --- | --- | --- |
| 蛋白 | 190 克（5～6 个） | 320 克（9 个） |
| 细砂糖 | 85 克 | 140 克 |
| 低筋面粉 | 70 克 | 120 克 |
| 牛奶 | 2 大勺 | 3 大勺 |
| 色拉油 | 2 大勺 | 3 大勺 |
| 烘烤时间（180℃） | 27 分钟 | 30 分钟 |

● 原料按照做法中用到的顺序列出。
● 直径 23 厘米的蛋糕原料用量是直径 20 厘米蛋糕用量的 1.5 倍，烘烤时间要延长 5 分钟。

### 做法

1 把烤箱温度设定为 180℃，预热。
2 把细砂糖分 3 次加入蛋白中，用电动打蛋机打发，做成蛋白霜（a）。
3 将低筋面粉分 2～3 次筛入蛋白霜中，搅拌。蛋白霜变得有些干也没关系。
4 把牛奶慢慢倒入蛋白霜中，一边倒一边搅拌（b）。
5 倒入色拉油搅拌均匀，注意不要搅拌过度（c）。
6 将做好的蛋糕糊倒入模具中，因为没有加蛋黄，所以蛋糕糊呈团状、流动性弱，可以用橡胶刮刀将蛋糕糊抹平（d），再把模具在桌上震两下。
7 按照表格中注明的时间烘烤。图 e 是在美国超市中常见的盒装天使蛋糕预拌粉。

● 可以像图中那样把鲜奶油打至七分发，倒在蛋糕表面做装饰（参照第 84 页）。

a

b

c

d

e

## 装饰

熟练掌握了制作技巧后，你是不是也希望让亲
朋好友尝尝自己的作品呢？用蛋糕做伴手礼时，
不妨用缎带、包装纸和一些小物件来装饰一下，
更好地传递自己的心意。

# 酱料 & 奶油

我们可以用各种酱料和奶油来装饰戚风蛋糕，加入一些变化，让人一看就垂涎欲滴。

## 酱料
sauce

### 焦糖酱
caramel sauce

焦糖是将饴糖、蔗糖等熬煮至焦化的黏稠糖浆，加适量水调匀就是焦糖酱了。

**原料**
细砂糖　200 克
水　50 毫升（第一次）　160 毫升（第二次）

**做法**
1　制作时要选用较深的小锅，倒入细砂糖和水，大火煮沸。
2　沸腾之后调成小火，使锅内糖浆一直保持沸腾。
3　煮至糖浆变成茶色后关火。
4　晾大约 10 秒后，把 160 毫升水慢慢倒入锅中，注意控制速度，不要让焦糖向周围飞溅。

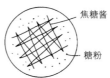

焦糖酱

糖粉

### 树莓果酱
raspberry sauce

用冷冻的水果制作果酱非常方便，你可以根据自己的喜好变换口味，感受做果酱的无穷乐趣。

**原料**
冷冻树莓　300 克
细砂糖　150 克

**做法**
1　用微波炉将冷冻树莓解冻，加入细砂糖，中火煮 5 分钟。可以用筛网过滤掉树莓中的子。

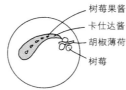

树莓果酱
卡仕达酱
胡椒薄荷
树莓

### 卡仕达酱
custard sauce

卡仕达酱是甜点制作中最基本的酱料之一，以蛋黄和牛奶为原料做成的香草味酱料。你可以根据自己的口味在卡仕达酱中加入调味酒（朗姆酒、君度酒、香橙干邑甜酒、白兰地等）、咖啡、巧克力果仁糖或者开心果等，感受迥然不同的风味。

**原料**
蛋黄（中等大小）　3 个
细砂糖　50 克
香草荚　1/2 根
牛奶　250 毫升

**做法**
1　剖开香草荚，取出香草子，与牛奶一起倒入锅中（参照第 81 页），一边加热一边搅拌，不要让牛奶产生奶皮。
2　将蛋黄和细砂糖倒入搅拌碗中，用打蛋器打至奶油状。把煮好的香草牛奶过滤到搅拌碗中，用打蛋器搅拌均匀。
3　把所有原料倒入锅中，中火加热，用木铲不停搅拌，马上要沸腾时关火。成功的关键在于不要加热过度，一定要不停搅拌。

## 巧克力酱
chocolate sauce

**原料**
牛奶　50 毫升
鲜奶油　50 毫升
巧克力　100 克
白兰地、朗姆酒、香橙干邑甜酒　适量

**做法**
1 将鲜奶油和牛奶倒入锅中加热，沸腾前关火。加入切碎的巧克力，搅拌至巧克力完全溶化。
2 根据个人喜好加入白兰地、朗姆酒或者香橙干邑甜酒即可。

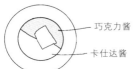

巧克力酱
卡仕达酱

## 柠檬酱
lemon sauce

**原料**
制作卡仕达酱的原料（用量与第 74 页相同）
柠檬汁　30 ~ 40 毫升

**做法**
1 卡仕达酱煮好后关火，倒入柠檬汁搅拌均匀。趁热或者冷却后享用均可，煮制时可以适量添加玉米淀粉来调节柠檬酱的黏稠度。

## 蓝莓果酱
blueberry sauce

**原料**
冷冻蓝莓　300 克
细砂糖　150 克
柠檬汁　2 大勺

**做法**
1 用微波炉将冷冻蓝莓解冻，撒上细砂糖和柠檬汁，静置 1 小时后煮 15 分钟即可。煮的时候注意撇去浮沫，可以适量添加玉米淀粉调节果酱的黏稠度。

## 打发奶油（六分发）
custard sauce

做法请参照第 84 页。

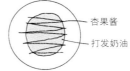

杏果酱
打发奶油

蓝莓果酱
柠檬酱
蓝莓
胡椒薄荷

75

# 奶油
cream

## 卡仕达奶油
custard cream

混合蛋黄和细砂糖，用打蛋器打成奶油状，加入低筋粉和温牛奶拌匀。

### 原料
牛奶　350 毫升
香草荚　1/2 根
蛋黄　3 个
细砂糖　70 克
低筋面粉　30 克

### 做法
1　剖开香草荚，取出香草子，与牛奶一起倒入锅中加热，煮沸前关火。
2　把蛋黄和细砂糖倒入搅拌碗中，用打蛋器打至颜色发白，然后筛入低筋面粉充分搅拌。
3　把煮好的香草牛奶过滤到搅拌碗中，一边倒一边搅拌。
4　最后将所有原料倒入锅中中火略煮片刻，用木铲不停搅拌。

## 打发奶油（七分发）
做法参照第 84 页。

## 红茶奶油
earl grey cream

### 原料
红茶（伯爵茶）　10 克（2 大勺）
鲜奶油　200 毫升
细砂糖　2 大勺

### 做法
1　用 100 毫升开水冲泡红茶，浸泡 6 分钟后过滤、静置冷却。把鲜奶油、细砂糖和红茶倒入搅拌碗中，浸入冰水中隔水打至七分发即可。

## 意式浓缩咖啡奶油
espresso cream

### 原料
咖啡精（咖啡利口酒 2 大勺、速溶意式浓缩咖啡 2 大勺）
鲜奶油　200 毫升
细砂糖　2 大勺

### 做法
1　制作咖啡精（参照第 23 页）。将鲜奶油、细砂糖和咖啡精倒入搅拌碗中，浸入冰水中隔水打至七分发。

# Chiffon Cake 鸡蛋 小麦粉

## 鸡蛋

做甜点时，鸡蛋的选择尤其重要。对于什么样的鸡蛋最适合用来做蛋糕，一直有争论。影响鸡蛋品质的因素很多，比如新鲜程度、是否受精、红皮还是白皮、产地、价格、季节、储藏温度……我做过很多实验，也咨询过相关领域的专家，他们通常回答"新鲜最重要"。确实，鸡蛋越新鲜，蛋白的品质越好，打发效果也越好。做戚风蛋糕时，选用新鲜鸡蛋可以有效提高成功率。鸡蛋的品质还取决于产蛋鸡投喂的饲料、年龄、健康状况、放养还是圈养等因素，无法一概而论。

鸡蛋的品质不好就很难打发到位。遇到这种情况，有一个补救办法：把搅拌碗浸入冰水中隔水打发。最适合打发蛋白的温度是10℃。夏天，产蛋鸡喝的水比平时多，所以鸡蛋的含水量相对高一些。建议大家夏天做蛋糕时，从冰箱中取出鸡蛋后尽快打发，这样可以尽可能避免失败。总之，要想烤出蓬松柔软的蛋糕，就要选用新鲜的鸡蛋，充分打发蛋白。

红皮蛋和白皮蛋的区别在于产蛋鸡的品种。日本曾从美国引进了大量白色来亨鸡（leghorn），来亨鸡产白皮蛋，从那以后，日本市场上90%以上的鸡蛋都是白皮蛋。法国、英国和意大利的市场上几乎都是红皮蛋，而德国、荷兰和西班牙市场上大都是白皮蛋。在美国，白皮蛋占据了90%的市场份额。

## 小麦粉

我们平时在超市或者杂粮店看到的小麦粉只有几种。实际上，制作面包、各种面条、小甜点等都有专用的面粉，总共有超过300种，所以要根据自己的需要选择。

在日本，做面包一般用高筋面粉，做甜点则用低筋面粉。在美国，做面包和甜点用的是万用粉，这种面粉是用高筋面粉（80%）和低筋面粉（20%）混合而成的。在欧洲各国，市场上销售的面粉比较单一，各地区品种有所差别。南欧普遍种植软质小麦，市场上以低筋面粉为主，而北欧气候寒冷，种植的都是硬质小麦，所以人们用的主要是面筋含量高的高筋面粉。我在做甜点时，尝试用过各种面粉，发现每种面粉都有独特的风味，让人非常着迷。本书中介绍的戚风蛋糕用的原料主要是低筋面粉，因为用低筋面粉做戚风不容易失败，对于新手来说是最好的选择。熟练掌握之后可以尝试用万用粉，这样做出的戚风松软程度稍低一些，但由于面粉筋度高，成品有一种独特的甘甜味道。

# Chiffon Cake 3 种蛋白霜

蛋白霜的英文是"meringue"，在法语中为"meringué"，是一种蛋白加砂糖打发而成的混合物。做甜点时加入蛋白霜可以使成品更加柔软、蓬松，因而是制作戚风蛋糕、舒芙蕾（soufflé）等必不可少的重要原料。蛋白霜还可以抹在蛋糕表面做装饰，经过烘烤后会变成诱人的焦黄色，在美国很常见的蛋白柠檬派表面就装饰了一层蛋白霜。另外，我们经常在甜点上看到作为装饰的圣诞老人或可爱的动物，这些都是蛋白霜经过长时间低温烘烤做成的。

- 普通蛋白霜
  蛋白　70 克（2 个）
  细砂糖或糖粉　15 ～ 150 克
- 瑞士蛋白霜
  蛋白　70 克（2 个）
  细砂糖或糖粉　50 ～ 150 克
- 意式蛋白霜
  蛋白　70 克（2 个）
  细砂糖　50 ～ 150 克
  水　20 ～ 60 毫升

## 普通蛋白霜
*meringue ordinaire*

这种蛋白霜也称为冷蛋白或法式蛋白霜。
这是应用最广泛的一种蛋白霜。将细砂糖分 3 次倒入蛋白中，用电动打蛋机充分打发即可（a）。制作戚风蛋糕用的就是这种蛋白霜（b）。

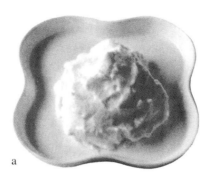

a

b

## 瑞士蛋白霜
*meringue suisse*

瑞士蛋白霜也称为热蛋白霜。
将盛放蛋白的搅拌碗浸入 85℃的热水中，分 3 次加入细砂糖，用电动打蛋机隔水打发。蛋白温度上升到 45℃ ～ 50℃时，从热水中取出搅拌碗，继续打发（a、b）。把烤箱预热至 100℃，放入整形完毕的蛋白霜烘烤 2 ～ 3 小时即可。制作圣诞树桩戚风时，装饰在蛋糕表面的蛋白霜蘑菇就是用瑞士蛋白霜做的（c、d）。

a

b

## 意式蛋白霜
meringue italienne

意式蛋白霜也称为煮沸蛋白霜。

制作时，将水和 3/4 的细砂糖倒入锅中，加热到 110℃ 左右熬制成糖浆。剩余的细砂糖分 3 次倒入蛋白中，用电动打蛋机打至粗泡。糖浆温度达到 118℃ ～ 121℃ 时慢慢倒入蛋白中，边倒边高速打发，直至蛋白霜完全冷却（a、b）。

做慕斯蛋糕（c）、雪葩、奶油霜（butter cream）时都要用到意式蛋白霜。

c

b

d

a

c

---

### 砂糖的作用

打发蛋白时如果不添加砂糖，打出的泡沫会很快消失，因此做蛋白霜时必须加适量砂糖。下面就来看一下砂糖究竟有什么作用。

蛋白中 88% 以上的成分是水，如果打发时不添加砂糖，水分就会迅速破坏刚出现的泡沫。加入砂糖后，糖与水结合可以增强黏性，同时让蛋液中的黏性蛋白发挥自身作用，提高蛋白霜的黏稠度，打出丰富的泡沫。

打发时要注意添加砂糖的方法。一股脑地把砂糖全都倒入蛋白中会使蛋白过于黏稠，反而难以打发。正确的做法是分次少量添加，保持蛋白性质稳定，不出现大幅度的变化，这样就能成功地把蛋白充分打发了。

### 蛋白和油

打发蛋白霜时，首先要把搅拌碗刷洗干净。这是因为水具有表面张力，有助于打发操作。如果搅拌碗中附着有油渍，就会减弱水的表面张力，难以起泡。因此，一定要用干净的搅拌碗盛放蛋白。

# *Chiffon Cake* 香草

在巴黎塞纳河上的圣路易岛，有一家著名的冰淇淋店——Berthillon，我每次到巴黎都要去。这家店的冰淇淋中加入了大量香草，含在口中感觉就像冰淇淋在演奏动人的乐章一样美妙。法国是乳制品消耗大国，这家店出品的香草冰淇淋在法国首屈一指。

在日本，各类食物中也大量使用香草，但很少有人见过天然的香草荚。香草是原产于中美洲的热带爬蔓类植物，现在主要种植于马达加斯加、印度尼西亚和塔希提岛，各地产出的香草风味略有差异。香草是兰科植物，花朵鲜艳，果实形似扁豆。天然的香草荚没有香味，成熟的果实要经过杀青、发酵、烘干、陈化等一系列加工过程，使内部成分发生变化，才会产生香味，越靠近内部香味越浓。经过加工的香草荚会从绿色变成黑色。香草的产量少，加工过程是纯手工作业，因而价格昂贵。不过，香草荚可以反复使用，最后还可以做成香草糖，便于保存。

## 香草荚的用法

挑选香草荚时要选略粗、带柄、水分含量为 32% ~ 38% 的。香草过于干燥，香气较弱，这一点要注意。

把香草荚纵向剖开，用刀背刮出黑色的香草子（a）。把香草子、香草荚和牛奶一起倒入锅中加热，一边加热一边搅拌，避免出现奶皮。马上要沸腾时关火（b）。

用滤网过滤出香草荚（c）。香草子会随牛奶一起被过滤到容器中，香草子本身就有浓郁香味，而且口感也不错，无须滤除。

煮好的香草牛奶可以用来制作卡仕达奶油、冰淇淋等。

香草荚的用量与香草的品种、大小有关，一根香草荚通常可以做 500 毫升香草牛奶。

刚刚收获的香草荚

香草的花和香草荚

a

b

c

d

## 香草糖

将用过的香草荚用水洗净、晾干，装入干燥的密闭容器中，撒入砂糖，把香草荚完全盖住（d）。密封 2～3 天，香气沁人的香草糖就做好了。尽量在香味浓郁时用完，香味散尽后也可以用来做蛋糕上的装饰。在鲜奶油中加入香草糖后打发，就可以很方便地做出香草奶油了。

## 微波炉

做甜点时，经常需要隔水加热原料，这时借助微波炉可以使操作简便许多。隔水加热时，搅拌碗浸在热水中，靠近碗壁的部分原料会首先受热，而用微波炉可以使原料整体均匀、快速受热。需要软化奶油乳酪或黄油时，用微波炉更加省时省力。

隔水加热溶化巧克力时，一方面要避免让切碎的巧克力沾到水，另一方面要让搅拌碗内的温度维持在巧克力的溶点（34℃）之上，而用微波炉，只需注意不要让温度过高即可。温度太高会改变巧克力的味道。加热前先把巧克力切成 1 厘米见方的块，选用可以微波加热的容器壁较厚的容器，直接放入微波炉中加热片刻，然后倒入切碎的巧克力，用刮刀搅拌至巧克力变软、溶化。如果容器温度不够高，无法将巧克力完全溶化，可以根据具体情况用微波炉短时间加热。

很多人喜欢巧克力甜点，但总觉得很难操作，一直犹豫着不敢下手。现在不妨试一试这种简便的方法，也许你会觉得操作起来简单得让人吃惊。

# *Chiffon Cake* 戚风蛋糕与红茶

戚风蛋糕与红茶是绝佳搭配。前文介绍了很多款戚风蛋糕与红茶的组合，都是个人建议，仅供参考。多了解一些有关红茶的种类、特征等知识也许可以帮助我们找到更适合自己的口味。下面选出了几种比较受欢迎的优质名茶。

## 尼尔吉里红茶
产于印度西南部的尼尔吉里地区。最佳采摘期为每年 1 ~ 2 月。汤色呈透明的鲜红色，茶香清新，风味淡雅。适合清饮或调制奶茶、柠檬茶等。

## 迪布拉红茶
产于斯里兰卡中央山脉西侧，与乌沃红茶（Uva tea）齐名，都是茶中极品。迪布拉红茶的采摘期是 1 ~ 2 月，汤色橙红明亮，风味浓郁，有一种大自然的味道。适合清饮或调制奶茶、柠檬茶等。

## 大吉岭红茶一号茶
产于印度东北部喜马拉雅山麓海拔 500 ~ 2000 米的大吉岭高原。一号茶指的是春季茶树刚刚长出的新芽，相当于常说的"明前茶"，采摘期为 3 ~ 4 月。一号茶叶片多为青绿色，汤色呈淡橙色，富有清新的水果香气。适合清饮，不用加牛奶。

## 大吉岭红茶二号茶
优质的二号红茶带有浓郁的葡萄香，口感细致柔和，采摘期为 5 ~ 6 月。汤色橙黄，叶片部分为绿色，夹有部分带有白毫的新芽。适合清饮或调制奶茶。

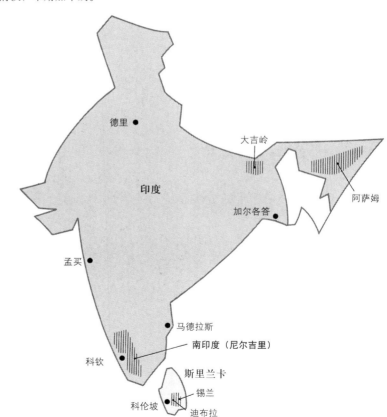

### 阿萨姆二号红茶

在英国极受欢迎的一种红茶，采摘期为 6 ～ 7 月，多为金黄色的新芽，汤色深红，带有淡淡的玫瑰香，风味浓烈，回甜。适合清饮或调制奶茶。

### 乌沃红茶

产区位于斯里兰卡中央山脉东侧，与迪布拉产区以中央山脉相隔，最佳采摘季节为 8 ～ 9 月。汤色橙红明亮，香气醇厚，具有成熟感，带有薄荷味。注入茶杯后，茶汤表面边缘呈金黄色，被称为金环。

### 大吉岭秋季茶

在喜马拉雅山短暂的秋天，一年中最后一批优质大吉岭红茶进入了采摘期。大吉岭秋季茶的采摘期为 9 ～ 10 月。汤色呈深橙色，香气柔和，风味厚重。茶叶上带有红色斑纹，充满了秋天的气息，最适合清饮。

# *Chiffon Cake* 3 种打发奶油

介绍烘焙方法的书中，经常提到的一个步骤就是"把鲜奶油打至七分发"、"打至八分发"，鲜奶油的打发程度会影响奶油的黏稠度，不同黏稠度的奶油适合不同的用途。

a."六分发"是鲜奶油开始变得有些黏稠的阶段，奶油的黏稠度和酱汁相仿。做萨瓦兰戚风时会用到这样的奶油（参照第 61 页）。

a

b."七分发"的奶油在停止打发后表面还留有电动打蛋机高速搅拌后的纹理。这种黏稠度的奶油最适合倒在蛋糕表面做涂层装饰。做棉花糖戚风时用的就是打至七分发的奶油（参照第 44 页）。

b

c."八分发"的奶油适合用来裱花装饰。如果打发过度，用裱花袋造形时会难以成形，要注意。

c

d. 对比 3 种奶油
只要把搅拌碗浸入冰水中隔水打发，就能把奶油打得细腻轻盈。

d

# *Chiffon Cake* **Q & A**

不管是新手还是戚风达人，都应该看一看下面这些常见的问题，相信看过之后一定会有新的收获。

**Q** 为什么做戚风时不添加泡打粉蛋糕也能膨胀起来？

**A** 很多人做戚风蛋糕时都会加一些泡打粉。烘烤时泡打粉会产生二氧化碳，让面糊膨胀起来。泡打粉使用方便，但也会在食物中留下异味，虽然并不浓，可还是会有一定影响。用本书介绍的方法，不必添加泡打粉就能做出蓬松的戚风，其中的秘诀就是打发好蛋白霜。蛋白霜泡沫丰富，经过烘烤加热，内部的气体会快速膨胀，形成无数小气孔，使戚风"长高"，变得蓬松柔软。所以，做戚风蛋糕时，充分打发蛋白霜是最关键的一步。只要注意以下3点，就能做出美味的戚风。
1、控制蛋白与砂糖的比例（请严格按照配方中标注的用量添加）。
2、掌握好添加砂糖的时机。
3、准确把握蛋白霜的打发程度。请仔细阅读第 12 页"基础戚风蛋糕的做法"，通过不断尝试，熟练掌握打发技巧。

**Q** 为什么不能在模具中涂抹黄油？

**A** 图 a 是在模具中涂了黄油后烘烤失败的戚风。戚风和海绵蛋糕不同，面粉的比例相对较低，冷却后容易塌陷。为了方便脱模，许多甜点在制作前都要在模具中涂一些黄油，但做戚风不能这样，否则蛋糕在冷却过程中会脱离模具，向内收缩。如果没有涂黄油，蛋糕收缩时就会被模具"拉"住，保持外形完好，更重要的是能保持蓬松柔软的口感。因此，做戚风蛋糕时，千万不要在模具中涂抹黄油。

a

**Q** 为什么我的戚风"长"不高，没有蓬松感？

**A** 造成这种现象的原因很多，请仔细阅读下面列出的注意事项，再尝试一次。

●**蛋白霜中砂糖比例过低**
每 100 克蛋白中最少应加 40 克砂糖。如果糖量不足，就打不出稳定强韧的蛋白霜，影响蛋糕的蓬松度。

●**制作蛋白霜时打发时间不足**
用电动打蛋机打发蛋白霜需要 8 ~ 10 分钟，用手动打蛋器打发用时还要长一些。第 14 页图 14 就是蛋白霜充分打发后的状态，实际操作时可以参照此图。

●**混合蛋白霜与蛋黄糊时搅拌过度**
要把蛋白霜分 3 次倒入蛋黄糊中搅拌均匀。在混合过程中搅拌过度会使蛋白霜消泡，影响膨胀性，而搅拌不足，蛋白霜又无法与蛋黄糊充分混合，残留的蛋白霜块在烘烤时会形成空洞。把握好搅拌的"度"很关键，可以参照第 12 页"基础戚风蛋糕的做法"图 19 ~ 21。

●**原料称量不准确**
选用颗粒较粗的粉类原料（西蒙尼那小麦粉、玉米粉等）或在蛋糕糊中加入香蕉、南瓜、胡萝卜等不易膨胀的原料必定会影响戚风的膨胀性。这时一定要按照配方准确称量原料，保证各种原料比例平衡。

Q 蛋白霜的质量与鸡蛋的品质有关系吗?

A 挑选鸡蛋其实是一项比较难的工作。如果蛋白难以打发,可以尝试延长打发时间,同时把搅拌碗浸入冰水中隔水打发,使蛋白的温度维持在10℃左右(b)。打发蛋白时保持适宜的温度很重要。

b

Q 烘烤时,蛋糕糊从模具中溢出来怎么办?

A 戚风在烘烤过程中会明显膨胀,入模时如果蛋糕糊过满,烤制时肯定会溢出。蛋糕糊大概八分满就可以了。如果加入了膨胀性弱的原料,比如西蒙尼那小麦粉、玉米粉,可以加到九分满,这样烤好的戚风就基本和模具等高了。

Q 烤好的戚风中有空洞怎么办?

A 混合蛋黄糊与蛋白霜时,如果混入了大气泡,就会在烘烤过程中形成空洞。另外,残留有未混合均匀的蛋白霜块也会形成空洞(c)。混合蛋黄糊与蛋白霜时搅拌过度会造成消泡,影响戚风"长高",但也要注意不要留有白色小块(蛋白霜)。入模时,适当把盛蛋糕糊的搅拌碗拿高一些,可以排除大气泡。

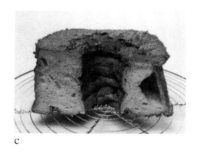
c

Q 蛋糕体过软,容易变形怎么办?

A 蛋糕糊中水分过多,粉类原料比例

d

太低,容易出现蛋糕体过软、脱模时破损、无法成形的现象。在蛋糕糊中添加蔬菜、水果时尤其要注意控制水分,按照配方标注的用量进行称量。另外,烘烤时间过短也会出现这类现象,要注意调节火力和烘烤时间(d)。

Q 为什么烤好的戚风表面是倾斜的?

A 蛋糕糊入模时,要尽量均匀一些,不要都倒在一处。最后搅拌碗底残留的一小部分蛋糕糊流动性和膨胀性都比较差,一定要均匀倒在表面不同位置,否则蛋糕表面就很容易出现倾斜(e)。

e

Q 在蛋糕糊中加入蜜红豆后蜜红豆
下沉怎么办？

A 图 f 是用湿的蜜红豆制作的戚风。
湿的蜜红豆比重较大，加入蛋糕糊
中会下沉，因此一定要先拭干水分。
蛋黄糊与蛋白霜混合好后撒入蜜红
豆，搅拌几下即可，不要搅拌过度。

f

Q 如何完整地脱模？

A 如果脱模出问题，那么戚风烤得再
好也会失色不少。脱模时一定要耐
心，最好用宽度约 2 厘米的抹刀或
竹签操作。先把抹刀插入戚风和模
具之间，紧贴模具内壁，上下拉动
抹刀，慢慢把戚风和模具割开，然
后用同样的方法借助抹刀慢慢将蛋
糕底部与模具分开。

Q 刚出炉的戚风能立刻脱模吗？

A 不可以。必须等蛋糕完全冷却后再
脱模。蛋糕中面粉的比例较低，趁
热脱模会和烘烤前在模具中涂黄油
一样，使蛋糕体塌陷。

Q 蛋糕太松软了，切不好怎么办？

A 要选用较锋利的刀子，面包刀也可
以，用热水烫一下刀身，轻巧、快
速地切开即可。如果觉得麻烦，也
可以把蛋糕冰冻片刻再切。

Q 用鲜奶油做装饰，怎样才能做得
平滑、漂亮？

A 把鲜奶油打至七分发，取 1/2 直接
倒在蛋糕表面，另外 1/2 用抹刀涂
在蛋糕侧面。让表面的奶油自然流
动、摊平即可，无须用抹刀修饰。

Q 为什么在蛋白中加入黑糖或枫糖
浆之后打发，蛋白霜会变得很松
散，达不到预期的状态？

A 这是由于黑糖、枫糖浆中富含矿物
质，影响了打发效果。遇到这种情
况，可以用冰水浴的方法，把盛放
蛋白的搅拌碗浸入冰水中，冷却后
就可以顺利打发了。

图书在版编目(CIP)数据

戚风教科书 / 〔日〕下井佳子著;郑敏译.-海口：
南海出版公司，2014.1
ISBN 978-7-5442-6749-6

Ⅰ.①戚…　Ⅱ.①下…②郑…　Ⅲ.①烘焙-糕点加
工　Ⅳ.①TS213.2

中国版本图书馆CIP数据核字(2013)第197342号

著作权合同登记号　图字：30-2013-082

CHIFFON CAKE 21 NO VARIATION
© YOSHIKO SHIMOI 1996
Originally published in Japan in 1996 by EDUCATIONAL FOUNDATION BUNKA
GAKUEN BUNKA PUBLISHING BUREAU
Chinese (in simplified character only) translation rights arranged
with EDUCATIONAL FOUNDATION BUNKA GAKUEN BUNKA PUBLISHING BUREAU
through TOHAN CORPORATION, TOKYO.
All RIGHTS RESERVED.


**戚风教科书**

〔日〕下井佳子 著

郑敏 译

出　　版　南海出版公司　　(0898)66568511
　　　　　　海口市海秀中路51号星华大厦五楼　　邮编 570206
发　　行　新经典文化有限公司
　　　　　　电话(010)68423599　　邮箱 editor@readinglife.com
经　　销　新华书店

责任编辑　秦　薇
装帧设计　徐　蕊
内文制作　博远文化

印　　刷　北京国彩印刷有限公司
开　　本　880毫米×1230毫米　1/24
印　　张　3.67
字　　数　75千
版　　次　2014年1月第1版
　　　　　　2014年1月第1次印刷
书　　号　ISBN 978-7-5442-6749-6
定　　价　32.00元